U0203100

机械基础实践教程

2023年修订

主　编　袁　健
副主编　郁　倩　邢　莉
主　审　周　海

江苏大学出版社
JIANGSU UNIVERSITY PRESS
镇　江

内容提要

全书共分 7 章,内容包括绪论、机械基础课程认知实验、机械性能测试与分析实验、机械创新设计实验、机械系统设计、机械系统设计分析实例、计算机辅助机构的运动分析。

本书可作为高等工科院校机械类、近机类各专业机械基础系列课程的实践教材,也可作为相关工程技术人员的参考用书。

图书在版编目(CIP)数据

机械基础实践教程 / 袁健主编. — 镇江 :江苏大学出版社,2017.2(2024.1重印)
ISBN 978-7-5684-0417-4

Ⅰ. ①机… Ⅱ. ①袁… Ⅲ. ①机械学—高等学校—教材 Ⅳ. ①TH11

中国版本图书馆 CIP 数据核字(2017)第 029154 号

机械基础实践教程
Jixie Jichu Shijian Jiaocheng

主　　编/袁　健
责任编辑/常　钰　吕亚楠
出版发行/江苏大学出版社
地　　址/江苏省镇江市京口区学府路 301 号(邮编:212013)
电　　话/0511-84446464(传真)
网　　址/http://press.ujs.edu.cn
印　　刷/江苏扬中印刷有限公司
开　　本/787 mm×1 092 mm　1/16
印　　张/11.75
字　　数/294 千字
版　　次/2017 年 2 月第 1 版
印　　次/2024 年 1 月第 7 次印刷
书　　号/ISBN 978-7-5684-0417-4
定　　价/32.00 元

如有印装质量问题请与本社营销部联系(电话:0511-84440882)

序

为了培养高水平应用型工程技术人才,适应"中国制造 2025"的需要,培养学生开发和创新的能力,在机械基础系列课程中加强实践环节已经成为教育界的共识。随着教学改革的深入,要求有相应的教材,而目前机械基础系列课程实践教材匮乏,不能满足教学的需要。为此,袁健同志主编了这本《机械基础实践教程》。

本书结构体系完备,突出对计算机辅助设计的应用,重视理论与实际的结合,不仅将机械基础系列课程各知识点衔接起来,巩固和提高学生的理论水平,同时还能培养学生运用先进设计方法来完成课程设计和解决实际问题的能力,使学生真正做到理论联系实际。

因此,本书是一本加强素质教育、培养创新能力、适应性强的教材。

周　海

前言（修订）

为了响应国家深化产教融合的要求，适应"中国制造 2025"的需要，吸收国际工程教育"以学生为中心，以能力为核心"的理念，培养高水平应用型工程技术人才，根据高等学校机械基础系列课程最新教学基本要求，本书从机械基础系列课程的体系改革总目标出发，以强化学生机械系统设计意识、培养学生机械运动方案与结构创新能力以及知识综合运用能力为目标，在编写过程中力求体现普通高等院校培养高水平应用型工程技术人才的特点，精选内容、启发思考、利于教学；从工程实际出发，加强机构设计和机械运动方案设计内容，适量增加机构创新内容。

本书出版后已在盐城工学院机械工程学院本科生中广泛应用多年，编者在总结教学经验后，保持并发扬特色，对本书进行较全面的修改和补充，力求精选内容，适当拓宽知识面。本书主要做了如下修订：

（1）在第 2 章增加渐开线齿轮变位系数的选择方法。

（2）在第 4 章增加轴系结构装配图图例。

（3）运用企业实际案例，实现产教融合，使体系更加符合学生工程能力培养的需求。

（4）增加第 7 章"计算机辅助机构的运动分析"。

（5）采用现代化信息技术，在书中部分章节设置二维码，以便于学生学习。

本书由袁健任主编，郁倩和邢莉任副主编。第 1 章、第 6 章、第 7 章由袁健编写，第 2 章、第 3 章由邢莉、袁健编写，第 4 章、第 5 章由郁倩、袁健编写。全书由袁健统稿。感谢朱龙英、周海、黄晓峰、程世利等老师对本书提出了许多宝贵的建议。

本书在编写过程中参考了许多优秀教材，得到了"盐城工学院教材出版基金项目"的资助，还得到了盐城市南华机床有限公司和江苏大学出版社的大力支持。在此，一并表示衷心的感谢。

由于编者水平有限，书中难免有欠妥之处，恳请读者批评指正。

编　者
2023 年 9 月

目 录

第 1 章 绪 论

1.1 机械基础实践教程的重要性及任务

实验,一般指科学实验,即自然科学实验。科学实验是根据一定的目的(或要求),应用必要的手段和方法,在人为控制的条件下模拟自然现象来进行研究、分析,从而认识各种事物的本质和规律的方法。实验是将各种新思想、新设想、新信息转化为新技术、新产品的必要环节。科学技术发展的历史表明,许多伟大的发现、发明和重大的研究成果都来自于科学实验。回顾机械的发展历史,人类从使用原始工具到创造发明原始机械、古代机械、近代机械,直至今天的智能机器人、加工中心、载人宇宙飞船、航天飞机等具有高科技含量的现代机械,都经历过艰辛的科学实验。随着科学技术的发展,科学实验的范围和深度不断拓展、深入,科学实验具有越来越重要的作用,成为自然科学理论和工程技术的直接基础。资料表明,自 1900 年以来,获得诺贝尔物理学奖的 100 多个奖项中,有 70% 以上是实验项目,由此可见实验对理论和科学研究的重要性。科学实验是探索未知、推动科学发展的强大武器,对经济持续发展、提高综合国力也具有十分重大的、深远的现实意义。

机械工业历来是国家经济建设的支柱产业之一。随着科学技术不断发展,社会对机械学科和机械类专业人才也提出了更高的要求,时代要求培养更多的高素质、有开拓进取精神的创新型人才。高等学校工科学生,尤其是机械类专业的学生,必须具有良好的实践能力、创新能力和综合设计能力。实验,正是培养学生这些能力极好的实践教学环节。实践教学是理工科专业教学中的重要组成部分,它不仅是学生获得知识和经验的重要途径,而且对培养学生的自学能力、工作态度、实际工作能力、科学研究能力和创新思维具有十分重要的作用,对实现培养学生成为国家和社会需要的高素质人才的目标起着关键的作用。

素质教育强调培养学生的实践能力、想象力和创造性。对理工科学生,特别是对机械工程专业的学生而言,机械基础实践教学是不可或缺的重要手段。实践教学不仅要使学生通过实验来掌握基本实验手段,更重要的是要使学生具备应用这些手段从事科学研究的独立工作的能力。实践教学的重要性是让学生自己动手实验,注重能力的培养,使学生在知识和能力方面得到全面发展。

机械基础系列课程实验旨在培养机械类专业学生具有初步实验设计能力、基本参数测定和相关测试仪器操作的能力及实验分析能力的技术基础课程,是机械基础系列课程教学中重要的实践性教学环节之一,是深化感性认识、理解抽象概念、应用基础理论的主要方法。

机械基础系列课程包括机械制造基础、机械原理、机械设计、机械设计基础等课程,这些课程都是重要的技术基础课,是连接基础课与专业课的重要环节,都由一系列的实验来

支撑。为了使实验教学的内容和水平符合培养高素质技术人才的要求,本书尝试对机械基础系列课程的实验进行整合、优化,形成系列课程,实现互相衔接、互相配合、互相支撑的实践教学体系;并尽可能地利用先进的实验设备、虚拟实验等新技术,丰富实践教学内容,提高实践的质量和水平,开出独立的机械基础综合实践等课程。

本教程的任务是培养学生以下各方面的技能与素质:

① 认知和熟识机械工程领域基础实验的常用工具、仪器和设备系统,具备操作实验仪器、设备系统的基本技能。

② 掌握机械设计基础基本实验的实验原理、实验方法、调试技术、测试技术、数据采集、误差分析等基本理论和基本技能。

③ 具有理解、构思、改进机械基础实验方案的基本能力。

④ 养成严格按科学规律从事实验工作,遵守实验操作规程的基本素质及不怕困难、勇于探索创新、实事求是的科学态度。

⑤ 养成善于观察、分析事物和现象的良好习惯,提倡综合思考的创新思维,特别在进行综合性、设计性实验时,应充分利用实验条件,进行实验研究,开展实验创新。

⑥ 培养和提高自学能力、科学研究能力、分析思维能力、实际动手能力、撰写实验报告的表达能力、独立工作能力和团队合作精神。

1.2 机械基础实践教程的主要内容

本教程以机械原理与设计实验方法自身的系统为主线建立实践教学体系,把原来完全附属于相关机械课程的实验课改编为按实验自身体系独立设置的机械基础实践课,成绩可以单独考核和计分。实践课的教学内容注意培养学生的创新能力和综合设计能力,实践内容应尽量由"验证性"向"开发性"、"单一性"向"综合性"转变,注重实践内容的创新性,增加实践内容,提高学生选题的自主性,改进实践指导方法,尽量发挥学生在实践过程中的主导作用。

课程分为六大模块和五个层次。六大模块为:认知实验模块、机械性能测试与分析实验模块、机械创新设计实验模块、机械系统设计模块、机械系统设计分析实例模块、计算机辅助机构的运动分析模块;五个层次为:预备引导型、基础型、创新型、设计型、提高型。

各模块所包含的实验内容如下。

1.2.1 认知实验模块

① 连杆机构运动分析:用解析法对平面连杆机构进行运动分析。

② 凸轮轮廓设计:用解析法对凸轮轮廓进行设计。

③ 渐开线直齿圆柱齿轮机构设计:进行直齿圆柱齿轮机构设计。

④ 渐开线齿轮范成原理实验:认识齿轮加工的基本原理。

⑤ 机构运动简图测绘与分析实验:加强对机构的运动及其工作原理的分析。

⑥ 渐开线齿轮几何参数测定实验:熟悉齿轮各部分名称、尺寸与基本参数之间的关系及渐开线的性质。

⑦ 减速器拆装实验:通过对各类减速器的分析、比较,加深对机械零部件结构设计的感

性认识,提高机械设备结构的认知和工程设计能力。

⑧ 螺栓组联接实验:测量并绘制受轴向工作载荷的紧螺栓联接的受力和变形的关系曲线(变形协调图),分析并验证预紧力和相对刚度对应力幅的影响,了解提高螺栓疲劳强度的措施。

⑨ 带传动的滑动率和效率测定实验:观察带传动的弹性滑动和打滑现象,掌握其产生原因及两者之间的本质区别;掌握转速、转速差及载荷的测量方法和原理。

1.2.2 机械性能测试与分析实验模块

① 回转件的平衡实验:掌握刚性转子动平衡实验的原理及基本方法。

② 齿轮传动效率测定实验:了解封闭式加载齿轮实验台的结构及其工作原理,学习齿轮传动效率的测试方法,对小模数齿轮进行效率和承载能力试验。

③ 机构运动参数测定与分析实验:了解机构参数及几何参数对机构运动及动力性能的影响,从而对机构运动学和动力学(机构平衡、机构理想运动规律、机构实际运动规律)有一个完整的认识。

④ 液体动压轴承实验:测量及仿真液体动压轴承径向油膜压力分布和轴向油膜压力分布,测量及仿真其摩擦特征曲线。

1.2.3 机械创新设计实验模块

① 平面机构运动方案创新设计实验:直接创造搭接新机构,用新机构进行实物组装。

② 慧鱼技术创新设计实验:用慧鱼机器人创意模型随意拼装成想象的各种机构,再用计算机驱动实现预定的工艺动作。

③ 机械系统集成及分析实验:将各种传动装置任意搭接组成新的传动系统,认识智能化机械传动性能综合测试实验台的工作原理,掌握计算机辅助实验的新方法,培养进行设计性实验与创新性实验的能力。

④ 轴系结构设计实验:熟悉、掌握轴的结构设计和轴承组合设计的基本要求、设计方法,了解轴的加工工艺和轴上零件的装配工艺,提高结构设计能力。

1.2.4 机械系统设计模块

介绍执行机构协调的运动方案设计和机械传动系统的方案设计。

1.2.5 机械系统设计分析实例模块

主要进行几种典型机械系统运动方案的设计和主体机构的设计与分析。

1.2.6 计算机辅助机构的运动分析模块

一方面对机构运动分析进行编程指导,另一方面,采用三维软件对机构进行运动分析指导。

机械基础实验包括必修和选修两个部分,不同的选修实验内容可供不同专业的学生使用。综合实验要求学生能综合应用多门理论课程的知识(如机械原理、机械设计、传感技术、数据采集、计算机检测与控制、数据分析等)及各种实验仪器设备、检测与分析手段来进

行实验,获取和处理实验数据,并撰写有分析内容的实验报告,完成预定实验目标。机械基础实践教程增加了实验内容和选题的柔性与开放性,以发挥学生的个性和创造能力,鼓励学生充分自主、发挥想象力,同时使学生敢于打破"思维定式"的约束,提出新方案、新方法,应用新技术。本教程在有的章节还安排了创新设计实验项目,例如机构创新设计,鼓励学生打破思维定式,充分发挥想象力设计并实现实验方案,培养其创新意识,提高其创新能力。

机械基础实践教程的实验内容应反映机械学科的发展方向,改革陈旧的实验内容和实验装置是必须的。因此,本教程采取开发更新实验装置,增加实验设计,引进先进的数据采集和数据处理手段,实现计算机技术在机械基础实验中的应用等方式,以达到培养学生的创新能力、综合设计能力和掌握新的科学技术的目的。机械基础实践教程应有较多的创新设计实验内容,允许学生实现自己构思的原理方案。为了节省经费又不约束学生的新构思,可以在机械基础部分实验中采用计算机仿真技术和虚拟实验,以增加实验的柔性,让学生在实验中能充分体现自主性。

本教程各实验项目之间具有相对独立性,由实验目的、实验内容、实验仪器、仪器设备操作及原理、实验步骤、注意事项、实验报告填写等部分有机组成,便于不同学校、不同层次要求的学生根据具体实际情况使用。

1.3 机械基础实践教程的要求与学习方法

1.3.1 机械基础实践教程的要求

机械基础实践教程是机械基础系列课程的重要教学内容和组成部分,学生通过机械基础实践教程的原理和方法的学习、实验操作训练及数据分析总结实践,应掌握以下基本内容:

① 了解机械基础实验在机械学科研究中的重要地位,培养科学、系统的实验观。

② 综合运用课程中所学的有关知识与技能,掌握基本实验的原理和方法,不断提高实验技术和理论水平。

③ 了解和熟悉机械基础实验常用的仪器和装置,能熟练使用机械基础实验常用的仪器、工具、量具。

④ 掌握机械基础实验中常用的测试技术、数据采集、误差分析与处理等基本理论和基本技能。

⑤ 了解现代工程实验方法在机械基础实验领域中的应用。

1.3.2 机械基础实践教程的学习方法

1.3.2.1 注意培养实际动手能力,提高实践操作技能

机械基础实践教程是以学生实际操作为主,在具体的实验过程中需要使用多种仪器设备和工具。因此,学生要注重培养自己的动手能力,不仅要学会操作使用各种仪器设备和工具,还要培养自己科学严谨的工作作风,掌握各种仪器工具的使用规范和注意事项;同时应克服粗心马虎的不良习惯,注意观察实验过程的各种现象,认真记录实验数据,为发现问

题、解决问题奠定基础。

1.3.2.2　善于思考，提高分析、解决问题的能力

在学习过程中，既有一些基本的验证型实验，也有综合型的创新性实验。许多学生在做实验的过程中，尤其对于验证型实验，认为其无非是对理论的检验，往往是按照实验步骤机械模仿，对于实验过程和实验结果很少进行分析和思考，这种做法使学生在做完实验后只是验证了某个定理或公式，并不能得到任何实用性结论，失去了做实验的意义。在学习本课程时，应该有意识地对实验过程和实验结果进行思考，无论哪种实验获得的结果，都要本着实事求是的态度，从测试手段或方法、数据采集和处理等方面进行思考和探索；实验得到的数据和理论是完全一致的吗？什么原因导致了误差甚至实验的失败？通过这样的思考可以很好地培养自己的分析能力，从而得到实用性结论，提高自身的工程实践能力。

1.3.2.3　注意理论知识的综合应用，培养和提高创新能力

机械基础实践教程涉及多门理论课程的知识，特别是一些较复杂的综合设计型实验，更是对多门学科知识有机结合的应用，因而机械基础实践教程是培养学生创新能力的重要平台。在学习机械基础实践教程的过程中，学生既要重视动手能力的培养，也要注意夯实自己的理论基础。因为实验是根据一定目的，运用必要的手段，在人为控制的条件下，观察、研究事物本质的一种实践活动，实验本身的目的性、可控制性决定了人们在实验开始时先要做实验设计，而实验设计人员必须要掌握本学科的理论知识和相关的测试技术，能够完成测试仪器设备选择并掌握其使用方法及数据处理的相关理论。所以，只有将多门学科的知识有机结合，在理论指导下综合利用各种实验设备和仪器设计出新的实验方案，才能提高自身的创新能力。

1.3.2.4　具有吃苦耐劳及团队协作的精神

机械基础实验课是实践性很强的课程，它与工程实践密切相关。在实验过程中，环境条件要远比在课堂上理论课差。学生应克服实验环境的不利影响，严格按照要求完成实验。绝大多数的机械工程实验不同于"科学研究性"实验，其规模和复杂程度较大，实施过程中不仅涉及各种技术和知识，而且需要多人的协作，因此要注意培养自己的团队协作精神。须知，个人的能力和精力是有限的，在规定的时间内完成一个较复杂的综合设计型实验往往需要多人的协作，如各行其是，则常常实验效率低下，甚至导致实验的失败。

1.3.2.5　重视实验报告的撰写

实验报告是在实验过程中实验者把实验的目的、方法、步骤、结果等用简洁的语言写成的书面报告。

无论一个实验有多么重大的发现，只有将这个实验的信息通过实验报告的形式公之于世，让他人知道，才有价值，否则实验就没有意义。实验报告是对实验过程、实验结果的科学总结，是分析、反映实验成果的重要资料，也是实验评价的重要依据。所以，正确撰写实验报告是每个学生在机械基础实践教程中的一个重要学习内容。

第2章　机械基础课程认知实验

2.1　连杆机构运动分析

2.1.1　实验原理

对平面连杆机构进行运动分析常用解析法,解析法可分为矢量方程法、杆组法和矩阵法等,本章主要介绍矢量方程法。矢量方程解析法与理论力学中介绍的矢量方程原理一样,就是将机构中各构件视为矢量并构成封闭位移矢量多边形,然后列出矢量方程,进而推导出未知量的表达式。

2.1.1.1　铰链四杆机构

如图 2-1 所示的平面铰链四杆机构,取曲柄回转中心 A 为原点,以机架 4 为横坐标,建立直角坐标系 xAy。

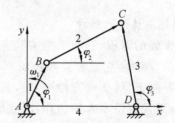

图 2-1　平面铰链四杆机构运动分析

经位移分析得

$$\varphi_3 = 2\arctan\left(\frac{B \pm \sqrt{A^2 + B^2 - C^2}}{A - C}\right) \tag{2-1}$$

$$\varphi_2 = \arctan\frac{B + l_3 \sin \varphi_3}{A + l_3 \cos \varphi_3} \tag{2-2}$$

式中:$A = l_4 - l_1 \cos \varphi_1$,$B = -l_1 \sin \varphi_1$,$C = \dfrac{A^2 + B^2 + l_3^2 - l_2^2}{2l_3}$。

经速度分析得

$$\omega_2 = -\omega_1 \frac{l_1 \sin(\varphi_1 - \varphi_3)}{l_2 \sin(\varphi_2 - \varphi_3)} \tag{2-3}$$

$$\omega_3 = \omega_1 \frac{l_1 \sin(\varphi_1 - \varphi_2)}{l_3 \sin(\varphi_3 - \varphi_2)} \tag{2-4}$$

经加速度分析得

$$\varepsilon_2 = \frac{l_3\omega_3^2 - l_1\omega_1^2\cos(\varphi_1 - \varphi_3) - l_2\omega_2^2\cos(\varphi_2 - \varphi_3)}{l_2\sin(\varphi_2 - \varphi_3)} \tag{2-5}$$

$$\varepsilon_3 = \frac{l_2\omega_2^2 + l_1\omega_1^2\cos(\varphi_1 - \varphi_2) - l_3\omega_3^2\cos(\varphi_3 - \varphi_2)}{l_3\sin(\varphi_3 - \varphi_2)} \tag{2-6}$$

式中:l_1,l_2,l_3,l_4——构件 1,2,3,4 的长度;

$\varphi_1,\varphi_2,\varphi_3,\varphi_4$——构件 1,2,3,4 的角位移;

$\omega_1,\omega_2,\omega_3,\omega_4$——构件 1,2,3,4 的角速度;

$\varepsilon_2,\varepsilon_3$——构件 2,3 的角加速度。

2.1.1.2 曲柄滑块机构

如图 2-2 所示的曲柄滑块机构,已知构件 1 和 2 的长度分别为 l_1 和 l_2,主动曲柄以等角速度 ω_1 转动,其位置为 φ_1,取坐标系原点与曲柄回转中心 A 重合,以滑块导路方向为 x 轴。

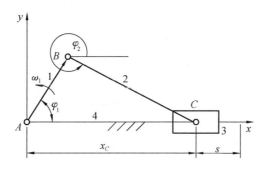

图 2-2 曲柄滑块机构运动分析

经位移分析可得

$$\varphi_2 = \arcsin\frac{-l_1\sin\varphi_1}{l_2} \tag{2-7}$$

$$x_C = l_1\cos\varphi_1 + l_2\cos\varphi_2 \tag{2-8}$$

经速度分析可得

$$\omega_2 = -\frac{l_1\omega_1\cos\varphi_1}{l_2\cos\varphi_2} \tag{2-9}$$

$$v_C = -\frac{l_1\omega_1\sin(\varphi_1 - \varphi_2)}{\cos\varphi_2} \tag{2-10}$$

经加速度分析可得

$$\varepsilon_2 = \frac{l_1\omega_1^2\sin\varphi_1 + l_2\omega_2^2\sin\varphi_2}{l_2\cos\varphi_2} \tag{2-11}$$

$$a_C = -\frac{l_1\omega_1^2\cos(\varphi_1 - \varphi_2) + l_2\omega_2^2}{\cos\varphi_2} \tag{2-12}$$

式中:l_1,l_2——构件 1,2 的长度;

φ_1,φ_2——构件 1,2 的角位移;

x_C——滑块 C 的线位移;

ω_1,ω_2——构件 1,2 的角速度;

v_C——滑块 C 的线速度;

ε_2——构件 2 的角加速度；

a_C——滑块 C 的加速度。

2.1.1.3 导杆机构

如图 2-3 所示的导杆机构,已知曲柄 1 的长度 l_1、转角 φ_1,以角速度 ω_1 转动,中心距 l_4,取坐标系原点与曲柄回转中心 C 重合。

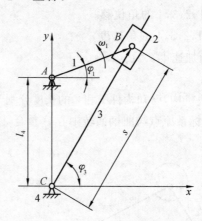

图 2-3 导杆机构运动分析

经位移分析得

$$\varphi_3 = \arctan \frac{l_1 \sin \varphi_1 + l_4}{l_1 \cos \varphi_1} \tag{2-13}$$

$$s = l_1 \frac{\cos \varphi_1}{\cos \varphi_3} \tag{2-14}$$

经速度分析得

$$\omega_3 = \frac{l_1 \omega_1 \cos(\varphi_1 - \varphi_3)}{s} \tag{2-15}$$

$$v_{B2B3} = -l_1 \omega_1 \sin(\varphi_1 - \varphi_3) \tag{2-16}$$

经加速度分析得

$$\varepsilon_3 = -\frac{2v_{B2B3}\omega_3 + l_1 \omega_1^2 \sin(\varphi_1 - \varphi_3)}{s} \tag{2-17}$$

$$a_{B2B3} = s\omega_3^2 - l_1 \omega_1^2 \cos(\varphi_1 - \varphi_3) \tag{2-18}$$

式中:l_1, l_4——构件 1,4 的长度；

φ_1, φ_3——构件 1,3 的角位移；

s——滑块 2 在构件 3 上位移；

ω_1, ω_3——构件 1,3 的角速度；

v_{B2B3}——滑块 2 的速度；

ε_3——构件 3 的角加速度；

a_{B2B3}——滑块 2 的加速度。

2.1.2 实验方法

2.1.2.1 实验要求

取几何尺寸为下面 3 组数据中任一组数据,实验前编写好计算机机构运动分析程序(可

以用任何语言编程）。

① 铰链四杆机构：$l_1=20$ mm，$l_2=40$ mm，$l_3=35$ mm，$l_4=50$ mm，$\omega_1=10$ rad/s。

② 曲柄滑块机构：$l_1=20$ mm，$l_2=40$ mm，$\omega_1=10$ rad/s。

③ 导杆机构：$l_1=20$ mm，$l_4=50$ mm，$\omega_1=10$ rad/s。

2.1.2.2　上机实验

① 打开计算机，输入编写好的程序。

② 调试程序，输入已知数据。

③ 按曲柄转角从 0°到 360°之间每间隔 30°输出一组分析数据。

2.1.3　填写实验报告

（1）写出机构运动分析的基本原理。

（2）写出机构运动分析的源程序。

（3）写出程序运行结果。

曲柄转角从 0°到 360°之间每间隔 30°，写出从动件相应一组位移、速度和加速度的分析数据并填于表 2-1。

表 2-1　曲柄机构程序运行结果

φ_1	0°	30°	60°	90°	120°	150°	180°	210°	240°	270°	300°	330°	360°

（4）思考并讨论。

① 在曲柄滑块机构中，位移、速度、加速度的变化分别对哪个几何参数最敏感？

② 在导杆机构中，位移、速度、加速度的变化分别对哪个几何参数最敏感？

③ 机构几何参数的变化过程中，位移、速度、加速度曲线的基本形状有无发生根本性的改变？为什么？

2.2　凸轮轮廓设计

2.2.1　实验原理

2.2.1.1　从动件运动规律方程

（1）等速运动规律

推程运动方程：

$$s=\frac{h}{\Phi}\varphi$$

$$v=\frac{h\omega}{\Phi} \tag{2-19}$$

$$a=0$$

回程运动方程：

$$s = h\left(1 - \frac{\varphi}{\Phi'}\right)$$

$$v = -\frac{h\omega}{\Phi'}$$ (2-20)

$$a = 0$$

式中：s, v, a——从动件位移、速度、加速度；

  φ, ω——凸轮角位移、角速度；

  h——从动件升距；

  Φ, Φ'——凸轮推程运动角、回程运动角。

（2）等加速和等减速运动规律

推程等加速段运动方程：

$$s = \frac{2h}{\Phi^2}\varphi^2$$

$$v = \frac{4h\omega}{\Phi^2}\varphi$$ (2-21)

$$a = \frac{4h}{\Phi^2}\omega^2$$

推程等减速段运动方程：

$$s = h - \frac{2h}{\Phi^2}(\Phi - \varphi)^2$$

$$v = \frac{4h\omega}{\Phi^2}(\Phi - \varphi)$$ (2-22)

$$a = -\frac{4h}{\Phi^2}\omega^2$$

回程等加速段运动方程：

$$s = h - \frac{2h}{\Phi'^2}\varphi^2$$

$$v = -\frac{4h\omega}{\Phi'^2}\varphi$$ (2-23)

$$a = -\frac{4h}{\Phi'^2}\omega^2$$

回程等减速段运动方程：

$$s = \frac{2h}{\Phi'^2}(\Phi' - \varphi)^2$$

$$v = -\frac{4h\omega}{\Phi'^2}(\Phi' - \varphi)$$ (2-24)

$$a = -\frac{4h}{\Phi'^2}\omega^2$$

（3）余弦加速度规律

推程运动方程：

$$s = \frac{h}{2}\left[1 - \cos\left(\frac{\pi}{\Phi}\varphi\right)\right]$$

$$v = \frac{\pi h \omega}{2\Phi}\sin\left(\frac{\pi}{\Phi}\varphi\right) \tag{2-25}$$

$$a = \frac{\pi^2 h \omega^2}{2\Phi^2}\cos\left(\frac{\pi}{\Phi}\varphi\right)$$

回程运动方程：

$$s = \frac{h}{2}\left[1 + \cos\left(\frac{\pi}{\Phi'}\varphi\right)\right]$$

$$v = -\frac{\pi h \omega}{2\Phi'}\sin\left(\frac{\pi}{\Phi'}\varphi\right) \tag{2-26}$$

$$a = -\frac{\pi^2 h \omega^2}{2\Phi'^2}\cos\left(\frac{\pi}{\Phi'}\varphi\right)$$

（4）正弦加速度规律

推程运动方程：

$$s = h\left[\frac{\varphi}{\Phi} - \frac{1}{2\pi}\sin\left(\frac{2\pi}{\Phi}\varphi\right)\right]$$

$$v = \frac{h\omega}{\Phi}\left[1 - \cos\left(\frac{2\pi}{\Phi}\varphi\right)\right] \tag{2-27}$$

$$a = \frac{2\pi h \omega^2}{\Phi^2}\sin\left(\frac{2\pi}{\Phi}\varphi\right)$$

回程运动方程：

$$s = h\left[1 - \frac{\varphi}{\Phi'} + \frac{1}{2\pi}\sin\left(\frac{2\pi}{\Phi'}\varphi\right)\right]$$

$$v = -\frac{h\omega}{\Phi'}\left[1 - \cos\left(\frac{2\pi}{\Phi'}\varphi\right)\right] \tag{2-28}$$

$$a = -\frac{2\pi h \omega^2}{\Phi'^2}\sin\left(\frac{2\pi}{\Phi'}\varphi\right)$$

2.2.1.2 凸轮轮廓设计

如图 2-4 所示的直动从动件盘形凸轮轮廓设计。

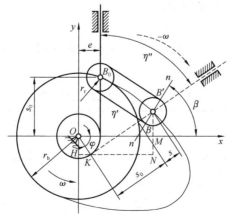

图 2-4 直动从动件盘形凸轮轮廓设计

理论轮廓方程：

$$\begin{cases} x = KN + KH = (s_0 + s)\sin\varphi + e\cos\varphi \\ y = BN - MN = (s_0 + s)\cos\varphi - e\sin\varphi \end{cases} \tag{2-29}$$

式中：e——偏距，$e = \sqrt{r_b^2 - s_0^2}$；

（x, y）——凸轮理论轮廓点的坐标。

实际轮廓方程：

$$\begin{cases} x' = x \pm r_r \dfrac{\dfrac{\mathrm{d}y}{\mathrm{d}\varphi}}{\sqrt{\left(\dfrac{\mathrm{d}x}{\mathrm{d}\varphi}\right)^2 + \left(\dfrac{\mathrm{d}y}{\mathrm{d}\varphi}\right)^2}} \\[4ex] y' = y \mp r_r \dfrac{\dfrac{\mathrm{d}x}{\mathrm{d}\varphi}}{\sqrt{\left(\dfrac{\mathrm{d}x}{\mathrm{d}\varphi}\right)^2 + \left(\dfrac{\mathrm{d}y}{\mathrm{d}\varphi}\right)^2}} \end{cases} \tag{2-30}$$

式中：加减号上面一组表示内包络线 η'，下面一组表示外包络线 η''；

（x', y'）——凸轮实际轮廓点的坐标。

2.2.2 实验方法

2.2.2.1 实验要求

取设计数据：$e = 10$ mm，$r_b = 40$ mm，$r_r = 10$ mm，$h = 30$ mm，$\varPhi = 150°$，$\varPhi_0' = 30°$，$\varPhi' = 120°$，其中 $\varPhi_0'$ 为凸轮远休止角。实验前编写好凸轮轮廓设计的计算机程序。

2.2.2.2 上机实验

① 打开计算机，输入编写好的程序。

② 调试程序，输入已知数据。

③ 按凸轮转角从 0°到 360°之间每间隔 30°输出一组轮廓曲线坐标。

2.2.3 填写实验报告

（1）写出凸轮轮廓设计的基本公式。

（2）写出凸轮轮廓设计的源程序。

（3）写出程序运行结果。

凸轮转角从 0°到 360°之间每间隔 30°，写出轮廓曲线相应理论坐标值和实际坐标值并填于表 2-2。

表 2-2 凸轮机构程序运行结果

凸轮转角 φ	0°	30°	60°	90°	120°	150°	180°	210°	240°	270°	300°	330°	360°
x													
y													
x'													
y'													

（4）思考并讨论。

① 在凸轮理论廓线一定的条件下，从动件上滚子半径与凸轮机构的压力角有何关系？

② 在推程过程中，对凸轮机构的压力角加以限制的原因是什么？

③ 在直动滚子从动件盘形凸轮机构中，凸轮的理论廓线与实际廓线间的关系是什么？

2.3　渐开线直齿圆柱齿轮机构设计

2.3.1　渐开线齿轮变位系数的选择方法

2.3.1.1　选择变位系数的基本原则

为了提高齿轮传动的承载能力，必须分析各种齿轮传动的失效原因及破坏方式，找出主要矛盾，从而确定选择变位系数的基本原则。

① 对于润滑良好的软齿面（HB≤350）的闭式齿轮传动，其齿面在循环应力的作用下，易产生点蚀破坏而失去工作能力。为了减小齿面的接触应力，提高接触强度，应当增大啮合节点处的当量曲率半径。这时应采用尽可能大的正变位，即尽量增大传动的啮合角 α'。

② 对于润滑良好的硬齿面（HB>350）的闭式齿轮传动，一般认为其主要危险是在循环应力的作用下，齿根的疲劳裂纹逐渐扩展而造成齿根折断。但是，实际上也有许多硬齿面因齿面点蚀剥落而失去工作能力的。因而，对这种齿轮传动，仍应尽量增大传动的啮合角 α'（即尽量增大总变位系数 x_Σ），这样不仅可以提高接触强度，还能增大齿形系数，提高齿根弯曲强度。必要时还可以适当地分配变位系数，使两齿轮的齿根弯曲强度大致相等。

③ 对于开式齿轮传动，由于润滑不良，且易落入灰尘，故极易产生齿面磨损而使传动失效。为了提高齿轮的耐磨损能力，应增加齿根厚度并降低齿面的滑动率。这就要求采用尽可能大的啮合角的正传动，并合理地分配变位系数，以使两齿轮齿根处的最大滑动率接近或相等（即 $\eta'=\eta''$）。

④ 对于高速或重载的齿轮传动，易产生齿面胶合破坏而使传动失效。除了应在润滑方面采取措施外，应用变位齿轮时，也应尽可能地减小其齿面的接触应力及滑动率，因而也要求尽量增大啮合角 α'，并使 $\eta'=\eta''$。

综上所述，虽然齿轮的传动方式、材料和热处理方式不同，其失效的形式各异，但为了提高承载能力而采用变位齿轮时，不论是闭式传动还是开式传动，硬齿面还是软齿面，一般情况下，都应尽可能地增大齿轮传动的啮合角 α'（即增大总变位系数 x_Σ），并使齿根处的最大滑动率接近或相等（即 $\eta'=\eta''$）。

2.3.1.2　选择变位系数的限制条件

① 几何条件。

一对变位齿轮传动，要实现无侧隙啮合，就必须满足下式：

$$\mathrm{inv}\,\alpha'=\mathrm{inv}\,\alpha+\frac{2(x_1+x_2)}{z_1+z_2}\tan\alpha \tag{2-31}$$

即

$$x_\Sigma=\frac{z_\Sigma}{2\tan\alpha}(\mathrm{inv}\,\alpha'-\mathrm{inv}\,\alpha) \tag{2-32}$$

式中：x_1，x_2——齿轮 1，2 的变位系数；

x_Σ——总变位系数，$x_\Sigma = x_1 + x_2$；

z_1，z_2——齿轮 1，2 的齿数；

z_Σ——齿数和，$z_\Sigma = z_1 + z_2$；

α'——啮合角；

α——刀具的齿形角。

x_Σ 为 α 和 z_Σ 的函数，当给定 α，如 $\alpha=19°,20°,21°,\cdots$，即可求得如图 2-5 所示的曲线，这就是一对变位齿轮所必须满足的几何条件。

从图 2-5 可以看出，对于一定的 z_Σ，只要给定啮合角 α'，即可求得相应的 x_Σ。而根据前述选择变位系数的基本原则，为了提高齿轮的承载能力，应该尽量增大啮合角 α'；但是，α' 大到一定数值后，将会使重合度 $\varepsilon_a < 1$ 或产生啮合干涉，甚至使齿顶变尖。因而变位数绝不能仅按照几何条件来确定，还必须满足以下几个限制条件。

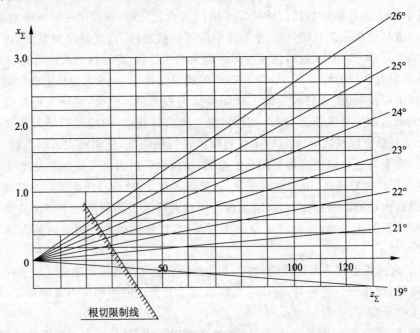

图 2-5　总变位系数 x_Σ 与齿数和 Z_Σ 关系曲线

② 保证齿轮加工时不根切。

用齿条型刀具加工标准齿轮时，不产生根切的最小齿数 $z_{\min}$ 及不产生根切的最小变位系数 $x_{\min}$ 分别为

$$z_{\min}=\frac{2h_a^*}{\sin^2\alpha} \tag{2-33}$$

$$x_{\min}=h_a^*-\frac{1}{2}z\sin^2\alpha \tag{2-34}$$

式中：h_a^*——齿顶高系数。

当 $h_a^*=1,\alpha=20°$ 时，$z_{\min}=17$，

$$x_{\min}=\frac{17-z}{17} \tag{2-35}$$

$$x_{\Sigma min}=x_{1min}+x_{2min}=\frac{34-z_\Sigma}{17} \tag{2-36}$$

根据式(2-36),可以作出图 2-5 的根切限制线,在该线右侧选取变位系数并按式(2-35)分配 x_1 及 x_2 时,就不会产生根切。

③ 保证有必要的重合度。

为保证齿轮传动的平稳性,重合度 ε_a 必须大于 1,一般都要求 $\varepsilon_a \geq 1.2$,其计算公式为

$$\varepsilon_a=\frac{1}{2\pi}[z_1(\tan\alpha_{a1}-\tan\alpha')+z_2(\tan\alpha_{a2}-\tan\alpha')] \tag{2-37}$$

式中:α_{a1},α_{a2}——两齿轮的齿顶压力角。

$$\alpha_{a1,2}=\arccos\frac{d_{b1,2}}{d_{a1,2}} \tag{2-38}$$

式中:d_a——齿顶圆直径;

d_b——基圆直径。

$$d_b=mz\cos\alpha \tag{2-39}$$

式中:m—模数。

对于一定齿数的齿轮副(即 z_1,z_2 一定),如果限定重合度的数值,如 $\varepsilon_a=1.2$ 时,公式(2-37)可以改写成:

$$z_1\tan\alpha_{a1}+z_2\tan\alpha_{a2}=2.4\pi+(z_1+z_2)\tan\alpha' \tag{2-40}$$

将式(2-40)对变位系数求解,即可作出如图 2-6 所示的 $\varepsilon_a=1.2$ 时的变位系数曲线。

在该曲线的任一点上选取 x_1 及 x_2 时,该对齿轮传动的重合度 ε_a 均为 1.2。可以看出,在曲线的不同点上选取变位系数时,$x_\Sigma(=x_1+x_2)$ 的数值是不一样的,因而齿轮的啮合角 α' 也是不同的。若在该曲线与等啮合角线(图 2-6 中的 45°斜直线)的切点 A 选取变位系数,此时啮合角为最大值($\varepsilon_a=1.2$ 时),即 $\alpha'=\alpha'_{max}$,其总变位系数 $x_{\Sigma A}=x_{1A}+x_{2A}$。

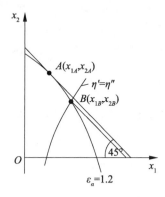

图 2-6 重合度 $\varepsilon_a=1.2$ 时的变位系数曲线

为了提高齿轮的接触强度,希望选取尽可能大的啮合角 α',这就要求在最大啮合角 α'_{max} 处选取总变位系数。另一方面,为了提高齿轮的抗胶合和耐磨损能力,还应尽量减小齿轮的滑动率,并使两齿轮的滑动率相等($\eta'=\eta''$)。

经过对 $\varepsilon_a=1.2$ 曲线和 $\eta'=\eta''$ 曲线的分析,一般情况下,在两曲线交点 B(见图 2-6)上选取变位系数时,啮合角大都接近或等于最大啮合角 α'_{max},此时所得的总变位系数 $x_{\Sigma B}$ 大都接近或等于 $x_{\Sigma A}$,因此,可以用 $x_{\Sigma B}(=x_{1B}+x_{2B})$ 代替 $x_{\Sigma A}$。

在图 2-7 中，曲线组 Ⅱ 中的每一条曲线，即为 z_1 一定时(如 $z_1 = 12, 13, \cdots$)，对于不同 z_2 所得到的 $x_{\Sigma B}$ - z_Σ 变化曲线。而曲线组 Ⅰ 为 $\varepsilon_a = 1$ 的曲线与 $\eta' = \eta''$ 曲线的交点所得的总变位系数 $x_{\Sigma B}$ - z_Σ 曲线。

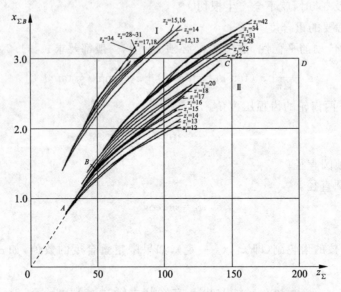

图 2-7　齿轮滑动率相等时总变位系数 $x_{\Sigma B}$ 与齿数和 z_Σ 变化曲线

从图 2-7 中可以看出，当小齿轮齿数 z_1 一定时，$x_{\Sigma B}$ 随 z_Σ 的增大而增大，而当 z_Σ 一定时，随小齿轮齿数 z_1 的增大，$x_{\Sigma B}$ 也不断增大。

为了兼顾各种齿数的齿轮传动，并考虑到一对齿轮传动的齿数比 $i\left(i = \dfrac{z_2}{z_1}\right)$ 不大于 8，对于不同 z_1 和 z_2，规定总变位系数 x_Σ 不超过图 2-7 中的 ABCD 折线，即折线 ABCD 为 x_Σ 的限制曲线。这样，当小齿轮的齿数 $z_1 = 12 \sim 16$ 时，若在折线 ABCD 上选取 x_Σ，重合度 ε_a 将略小于 1.2(大于 1.1)；而当 $z_1 > 17$ 时，若在折线 ABCD 上选取 x_Σ，重合度 ε_a 都大于 1.2。

④ 保证齿轮啮合时不干涉。

一齿轮的齿顶与另一齿轮根部的过渡曲线接触时，将产生过渡曲线干涉。对于齿条型刀具加工的齿轮，小齿轮齿根不产生干涉的条件是

$$\tan \alpha' - \frac{z_2}{z_1}(\tan \alpha_{a2} - \tan \alpha') \geqslant \tan \alpha - \frac{4(h_a^* - x_1)}{z_1 \sin 2\alpha} \tag{2-41}$$

大齿轮齿根不产生干涉的条件是

$$\tan \alpha' - \frac{z_1}{z_2}(\tan \alpha_{a1} - \tan \alpha') \geqslant \tan \alpha - \frac{4(h_a^* - x_2)}{z_2 \sin 2\alpha} \tag{2-42}$$

对于一定齿数的齿轮副(即 z_1，z_2 一定)，将式(2-41)及(2-42)对变位系数求解，即可作出如图 2-8 所示的干涉限制线 ① 和 ②。在该图中，$\eta' = \eta''$ 曲线与大齿轮的干涉限制线 ② 的交点 D 大都在它与 $\varepsilon_a = 1.2$ 曲线的交点 B 之外，不必考虑它的影响，而 $\eta' = \eta''$ 曲线与小齿轮的干涉限制线 ① 的交点为 C，若在 C 点外面的阴影区内选取变位系数，齿轮将产生啮合干涉。所以，在 C 点选取变位系数 $x_{\Sigma C}(x_{\Sigma C} = x_{1C} + x_{2C})$ 是不产生啮合干涉的极限情况。

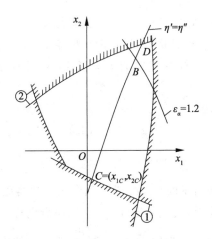

图 2-8　齿轮干涉限制线变位系数

对于不同齿数的齿轮副，$\eta'=\eta''$ 曲线与小齿轮的干涉限制曲线的交点 C（即 $x_{\Sigma C}$）是不同的。为了保证各种齿数的齿轮副都不产生干涉，规定啮合角不得小于 $18°30'$（对于 $\alpha=20°$ 的齿轮），x_{Σ} 不得小于 -0.4。

⑤ 保证有必要的齿顶厚。

变位系数越大，齿轮齿顶厚 s_a 越小，为了保证齿顶强度，一般要求 $s_a\geqslant(0.25\sim0.4)m$。齿顶厚 s_a 按下式计算：

$$s_a=d_a\left(\frac{\pi+4x\tan\alpha}{2z}+\mathrm{inv}\,\alpha-\mathrm{inv}\,\alpha_a\right)\tag{2-43}$$

根据对 $s_a=0.4m$ 曲线的分析，当满足前述各项限制条件选取总变位系数，并按 $\eta'=\eta''$ 原则分配变位系数时，就可以保证 $s_a>0.4m$，不必再进行验算。个别情况下，会出现 $s_a<0.4m$，但都可以保证 $s_a>0.25m$。

⑥ 用标准滚刀加工时，轮齿不完全切削的限制。

用标准滚刀加工齿轮时，齿轮齿形是由刀具齿廓在其啮合线 NB 上范成出来的，如图 2-9 所示。

当轮齿转出其齿顶与啮合线的交点 B 时，齿形应该加工好了。因而滚刀的螺纹部分长度 l 必须大于 $2BC$。而 $BC=r_a\sin(\alpha_a-\alpha)$，故应有 $l>d_a\sin(\alpha_a-\alpha)$；否则，轮齿将产生不完全切削现象。

考虑到滚刀齿顶厚度的规定，为了避免不完全切削现象，必须满足下式：

$$l-\frac{\pi}{2}m>d_a\sin(\alpha_a-\alpha)\tag{2-44}$$

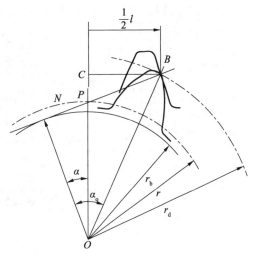

图 2-9　标准滚刀加工齿轮

可以从齿轮刀具标准中查出不同模数的滚刀的螺纹部分长度 l，即当模数一定时，式 (2-44) 左端的数值是一定的。而该式右端的数值则与齿轮的齿数 z 和变位系数 x 有关，当

齿数 z 一定时,变位系数 x 越大,$d_a \sin(\alpha_a - \alpha)$ 之值就越大,越易产生不完全切削。而当变位系数一定时,只要大齿轮 z_2 能满足式(2-44),则小齿轮 z_1 也必然能满足式(2-44)。

根据式(2-44)和齿轮刀具标准规定的滚刀长度,可计算出图 2-10 中的模数限制线($m = 7, 10, \cdots$)。

计算模数限制线应用的公式:

$$d_{a2} = m(z_2 + 2h_a^* + 2x_2 - 2\Delta y) \tag{2-45}$$

$$\alpha_{a2} = \arccos \frac{z_2 \cos \alpha}{z_2 + 2h_a^* + 2x_2 - 2\Delta y} \tag{2-46}$$

式中:齿顶高变动系数 Δy 按给定的 z_Σ,x_Σ 求出啮合角 α' 后得到;变位系数 x_2 是按 x_Σ 及齿数比 i(取 $i > 3$)用图 2-10 求得,变位系数 x_1 由坐标原点向左为正值,反之为负值;大齿轮齿数 z_2 是按 $z_2 = \dfrac{i}{1+u} z_\Sigma$ 求得的;现取 $i = 8$,因而,只要实际的齿数比 i 小于 8 时,该模数限制线是安全的。

在该模数限制线以下选取变位系数时,用标准滚刀加工该模数的齿轮,不会产生不完全切削现象。当 $m < 6.5$ 时,选取变位系数将不受不完全切削条件的限制。

设计时,若必须在模数限制线以上选取变位系数时,可以采用大于标准滚刀长度的非标准滚刀加工。

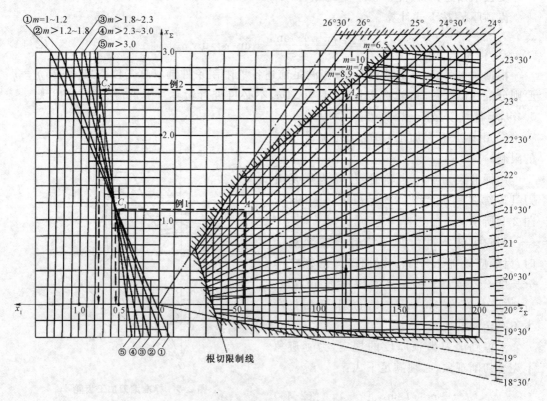

图 2-10 选择变位系数线($\alpha = 20°$,$h_a^* = 1$)

将上述几个条件合并起来,则得到图 2-11。根据齿数和 z_Σ 大小和其他具体要求,在图 2-11的阴影线以内许用区域中选取总变位系数,并合理分配,即可满足上述各项限制条件。

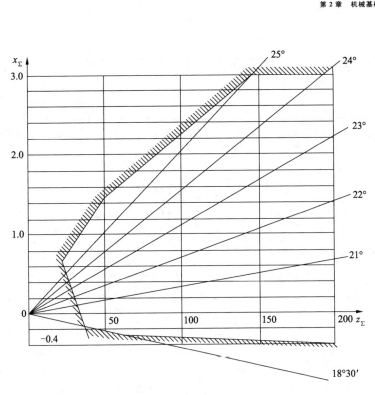

图 2-11 变位系数选择

2.3.2 实验原理

渐开线直齿圆柱齿轮机构设计步骤(给定中心距的情况)如下:

① 按给定的实际中心距 a' 计算啮合角 α'。

$$\cos \alpha' = \frac{a}{a'} \cos \alpha \qquad (2\text{-}47)$$

② 计算两轮变位系数(x_1, x_2)和,并作适当分配。

$$x_1 + x_2 = \frac{z_1 + z_2}{2 \tan \alpha} (\mathrm{inv}\, \alpha' - \mathrm{inv}\, \alpha) \qquad (2\text{-}48)$$

变位系数按传动要求分配,保证不发生根切且小齿轮的变位系数大于大齿轮的变位系数。齿轮不发生根切的最小变位系数为

$$x_{\min} = \frac{h_a^* (z_{\min} - z)}{z_{\min}} \qquad (2\text{-}49)$$

③ 按表 2-3 齿轮参数计算公式计算两齿轮的几何尺寸。

表 2-3 直齿圆柱齿轮设计计算公式

名称	符号	标准齿轮传动	高度变位齿轮传动	正传动和负传动
分度圆直径	d	$d = mz$		
啮合角	α'	$\alpha' = \alpha$		$\mathrm{inv}\, \alpha' = \frac{2(x_1 + x_2)}{z_1 + z_2} \tan \alpha + \mathrm{inv}\, \alpha$
中心距	$a(a')$	$a = \frac{1}{2}(d_1 + d_2) = \frac{m}{2}(z_1 + z_2)$		$a' = \frac{\cos \alpha}{\cos \alpha'} a$

名称	符号	标准齿轮传动	高度变位齿轮传动	正传动和负传动
节圆直径	d'	$d'=d$		$d'=\dfrac{\cos\alpha}{\cos\alpha'}d$
中心距变动系数	y	$y=0$		$y=\dfrac{a'-a}{m}=\dfrac{z_1+z_2}{2}\left(\dfrac{\cos\alpha}{\cos\alpha'}-1\right)$
齿高变动系数	Δy	$\Delta y=0$		$\Delta y=x_1+x_2-y$
齿顶高	h_a	$h_a=h_a^* m$	$h_a=(h_a^*+x)m$	$h_a=(h_a^*+x-\Delta y)m$
齿根高	h_f	$h_f=(h_a^*+c^*)m$	$h_f=(h_a^*+c^*-x)m$	$h_f=(h_a^*+c^*-x)m$
齿全高	h	$h=(2h_a^*+c^*)m$		$h=(2h_a^*+c^*-\Delta y)m$
齿顶圆直径	d_a	$d_a=d+2h_a$		
齿根圆直径	d_f	$d_f=d-2h_f$		
重合度	ε_a	$\varepsilon_a=\dfrac{\overline{B_1B_2}}{p_n}=\dfrac{1}{2\pi}\left[z_1(\tan\alpha_{a1}-\tan\alpha')+z_2(\tan\alpha_{a2}-\tan\alpha')\right]$		
分度圆齿厚	s	$s=\dfrac{1}{2}\pi m$		$s=\dfrac{1}{2}\pi m+2xm\tan\alpha$
齿顶厚	s_a	$s_a=s\dfrac{r}{r_a}-2r_a(\text{inv }\alpha_a-\text{inv }\alpha)$		

注：z 表示齿数；m 表示模数；α 为压力角；h_a^* 为齿顶高系数；c^* 为径向间隙系数。

④ 校验重合度 ε_a 和正变位齿轮的齿顶圆厚度 s_a。

一般要求 $\varepsilon_a \geqslant 1.2$，$s_a \geqslant (0.25\sim0.4)m$。

若给定传动比 i，则首先确定两轮的齿数，由公式计算

$$z_1 \approx \frac{2a'}{m(i+1)} \tag{2-50}$$

$$z_2 = iz_1 \tag{2-51}$$

将 z_1 和 z_2 圆整，圆整时应取齿数比 $u=z_2/z_1$ 与给定传动比 i 误差较小的一对齿数方案，然后按上述步骤设计。

2.3.3 实验方法

2.3.3.1 实验要求

取设计数据：一对渐开线直齿圆柱齿轮机构，传动比 $i_{12}=2$，齿轮的实际中心距 $a'=64\text{ mm}$，$m=3\text{ mm}$，$\alpha=20°$，$h_a^*=1$，$c^*=0.25$，设计这对齿轮机构。实验前编写好齿轮机构设计的计算机程序。

2.3.3.2 上机实验

① 打开计算机，输入编写好的程序。

② 调试程序，输入已知数据。

③ 输出齿轮几何尺寸计算结果。

2.3.4 填写实验报告

(1) 写出齿轮设计的过程及计算公式。

① 齿轮机构设计已知条件。

对渐开线直齿圆柱齿轮机构,传动比 $i_{12}=2$,齿轮的实际中心距 $a'=64$ mm,$m=3$ mm,$\alpha=20°$,$h_a^*=1$,$c^*=0.25$。

② 求齿数、理论中心距。

$$\frac{m}{2}(z_1+z_2)=64,\ \frac{z_1}{z_2}=\frac{1}{2}$$

求得 $z_1=14$,$z_2=28$,$a=63$。

③ 求啮合角 α'。

由

$$a'=\frac{a\cos\alpha}{\cos\alpha'}$$

得 $\alpha'=22.33°$。

④ 确定变位系数之和。

由

$$\mathrm{inv}\,\alpha'=\frac{2(x_1+x_2)}{z_1+z_2}\tan\alpha+\mathrm{inv}\,\alpha$$

得 $x_1+x_2=0.35$。

⑤ 计算每个齿轮的最小变位系数。

由

$$x_{\min}=\frac{17-z}{17}$$

得 $x_{\min 1}=0.176$,$x_{\min 2}=-0.64$。

⑥ 确定每个齿轮的变位系数。

可以取 $x_1=0.35$,$x_2=0$,得 $x_1+x_2=0.35$,即正传动。

⑦ 求中心距变动系数。

$$y=\frac{a'-a}{m}=\frac{64-63}{3}=0.33333。$$

⑧ 求齿高变动系数。

$$\Delta y=x_1+x_2-y=0.35-0.33333=0.01666667。$$

⑨ 按照变位齿轮计算公式求相关参数。

由齿顶高

$$h_a=(h_a^*+x-\Delta y)m$$

求得

$$h_{a1}=(h_a^*+x_1-\Delta y)m=(1+0.35-0.0166667)\times3=4,$$
$$h_{a2}=(h_a^*+x_2-\Delta y)m=(1+0-0.01666667)\times3=2.95。$$

由齿根高

$$h_f=(h_a^*+c^*-x)m$$

求得

$$h_{f1} = (h_a^* + c^* - x_1)m = (1 + 0.25 - 0.35) \times 3 = 2.7,$$

$$h_{f2} = (h_a^* + c^* - x_2)m = (1 + 0.25 - 0) \times 3 = 3.75。$$

⑩ 校核小齿轮的齿顶厚 $s_a \geqslant [s_a]$，否则，应重新选择变位系数。

由

$$r_{a1} = r + h_{a1} = \frac{1}{2}mz_1 + h_{a1} = 21 + 4 = 25,$$

$$s_1 = \left(\frac{\pi}{2} + 2x_1 \tan \alpha\right)m = \left(\frac{\pi}{2} + 2 \times 0.35 \times \tan 20°\right) \times 3 = 5.47669,$$

$$\cos \alpha_{a1} = \frac{r\cos \alpha}{r_a}, \quad \alpha_{a1} = 37.89°$$

得

$$s_{a1} = s_1 \frac{r_{a1}}{r_1} - 2r_{a1}(\mathrm{inv} \, \alpha_{a1} - \mathrm{inv} \, \alpha)$$

$$= 5.47669 \times \frac{25}{21} - 2 \times 25 \times (0.116695 - 0.014881) = 1.42587,$$

$$[s_a] = 0.25m = 0.75, \quad s_a \geqslant [s_a]。$$

⑪ 计算齿轮啮合的重合度。

$$r_{a2} = r_2 + h_{a2} = \frac{1}{2}mz_2 + h_{a2} = 42 + 2.95 = 44.95,$$

$$\varepsilon_a = \frac{1}{2\pi}\left[z_1(\tan \alpha_{a1} - \tan \alpha') + z_2(\tan \alpha_{a2} - \tan \alpha')\right]$$

$$= \frac{1}{2\pi}\left[14(\tan 37.89° - \tan 22.33°) + 28(\tan 28.60° - \tan 22.33°)\right]$$

$$= 1.41762,$$

$$\cos \alpha_{a2} = \frac{r_2\cos \alpha}{r_{a2}}, \quad \alpha_{a2} = 28.60°。$$

(2) 写出设计计算源程序。

(3) 写出程序运行结果。

按照齿轮设计的过程，将程序运行结果列写在表 2-4 中。

表 2-4　程序运行结果

名称	齿轮 1	齿轮 2
传动类型		
齿数 z		
模数 m		
分度圆直径 d		
变位系数 x		
中心距 a		
啮合角 α'		
齿顶圆直径 d_a		

续表

名称	齿轮 1	齿轮 2
齿根圆直径 d_f		
重合度 ε_a		
齿顶圆齿厚 s_a		

（4）思考并讨论。

① 渐开线齿轮的齿数、模数、齿顶高系数和两轮的中心距、啮合角对渐开线齿轮传动的重合度各有何影响？

② 齿轮机构设计应满足哪些基本要求？

2.4　渐开线齿轮范成原理实验

2.4.1　实验目的

① 掌握用范成法加工渐开线齿轮齿廓的基本原理。

② 熟悉渐开线齿廓的基本特征，掌握齿轮各部分的名称及基本尺寸的计算。

③ 了解渐开线齿廓的根切现象和用径向变位避免根切的方法。

④ 分析比较标准齿轮和变位齿轮的异同点。

2.4.2　实验原理

范成加工是利用一对齿轮（或齿轮与齿条）相互啮合时其共轭齿廓互为包络线的原理来加工齿轮的。在一对渐开线齿轮中，若把其中一个齿轮（或齿条）制成具备切削能力的刀具，另一齿轮为尚未切齿的齿轮毛坯，用刀具加工齿轮时，毛坯与刀具按固定的传动比作对滚切削运动，就可以切出与刀具共轭的具有渐开线齿廓的齿轮。

用范成法原理进行切齿加工的主要方法及刀具简述如下。

2.4.2.1　插齿

（1）齿轮插刀

插齿加工相当于把一对互相啮合的齿轮中的一个齿轮磨制出有前、后角且形成切削刃的齿轮插刀，另一齿轮为齿轮轮坯，齿轮插刀的模数和压力角与需加工得到的齿轮相同。插齿时，插刀与轮坯像一对齿轮传动那样，以一定传动比转动，同时插刀沿轮坯轴线的平行方向作上下往复切削运动。齿轮的齿廓是刀刃在切削运动中所占据的一系列位置的包络线。为了切出全齿高，插刀还有沿轮坯的径向进给运动，同时，插刀返回时，轮坯还应有让刀运动，以避免刀刃碰伤齿面。

齿轮插刀多用来加工内齿轮、双联齿轮或多联型齿轮上的小齿轮。

（2）齿条插刀

当齿轮的基圆直径趋于无穷大时，它的齿形由渐开线变成斜直线，此时齿轮成为具有直线齿廓的齿条。若将齿条磨出刀刃来做成齿条插刀，并且顶部比传动用的齿条高出径向间隙 $c^* m$（以便切出传动时的径向间隙），强行让这把齿条插刀与一个齿轮毛坯按一定的传

23

动比传动,这就是齿条插刀加工齿轮的范成运动情况。在实际加工中,齿条插刀还要做上下往复的切削运动,这样,齿条刀具刀刃的一系列直线轮廓即包络出齿轮的渐开线齿形。

2.4.2.2 滚齿

齿条插刀虽然能够加工齿轮,但使用起来有一定的局限性,所加工齿轮的直径较大时受到刀具长度的限制而难以加工。所以,目前广泛采用滚齿法加工直、斜齿轮。

图 2-12 所示为滚齿机范成法加工齿轮的原理。这种加工方法是采用齿条和齿轮啮合的原理,把齿条磨出刀刃,让它像刨刀一样上下做切削运动,与此同时保持齿条刀具与齿轮的啮合运动(即齿条刀具的中线与齿轮的分度圆作相切纯滚动),从而加工出齿轮的齿形。这种加工方法的特点是:被加工齿轮的模数和压力角相同且一把刀具可加工出任意齿数的齿轮。

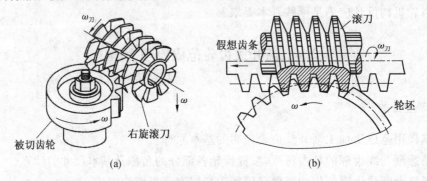

图 2-12　滚齿机范成法加工齿轮

由于齿条长度终究是有限的,为使加工过程持续进行,把齿条刀具的刀齿做成螺旋形盘绕在圆柱形刀体的外形上而在轴向剖面上做成齿条形状,即滚刀,这样就相当于把齿条无限延长。当然,为了能切制出齿轮根部的间隙,刀具的齿顶比真正的齿条多一个径向间隙 $c^* m$ 的顶部圆弧。

加工时,滚刀绕自身轴线转动,相当于齿条的连续移动,轮坯则按与齿条相啮合时的一定速度关系转动,类似齿轮与齿条的啮合,按这样的范成运动,在轮坯上切出渐开线齿廓。滚刀除旋转外,还沿轮坯做轴向进给运动,以便切出整个齿宽。

工厂实际加工齿轮时,通常无法清楚地看到刀刃包络的过程。在本次实验中,用齿轮范成仪来模拟齿条刀具与轮坯的范成加工过程,将刀具刀刃在切削时曾占有的各个位置的投影用铅笔线记录在绘图纸上。齿轮的渐开线齿形是参加切削的刀齿的一系列连续位置的刀痕线组合,并不是一条光滑的曲线,而是由许多折线组成的。尽量让折线细密一些,可使齿廓更光滑。因此,在这个实验中能够清楚地观察到齿轮范成的全过程和最终加工出的完整齿形。

2.4.3　实验设备和工具

① 齿轮范成仪。
② 一张 A4 绘图纸(代替轮坯)。
③ 圆规、三角板、剪刀、两支不同颜色的铅笔或圆珠笔(学生自备)。

2.4.4　齿轮范成仪的构造和使用方法

(1)齿轮范成仪是按照齿轮与齿条啮合原理设计制成的,刀具模型为一齿条(相当于插

24

齿刀),齿轮模型则为半径相当于被切齿轮节圆半径的半圆盘,其构造如图 2-13 所示。半圆盘 5 固定于机架 1 的轴心转动,在半圆盘周围刻有凹槽,槽内绕有钢丝 2,钢丝的一端分别固定在圆盘面上的 B 和 B' 处,而另一端则分别固定在纵拖板 8 上的 A 和 A' 处,纵拖板可在机架上沿水平方向移动,钢丝拖动圆盘转动。这与被加工齿轮相对于齿条刀具的运动相同。在纵拖板上还装有带齿条 6 的横拖板 7,转动定位螺钉 3 可使横拖板前后移动,以调整刀具中线使与轮坯的分度圆相切(在实验中也可调整刀具的齿顶线使,其与轮坯的齿根圆相切)。

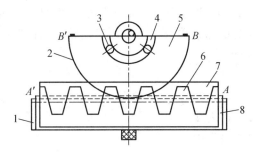

1—机架(基座);2—钢丝;3—定位螺钉;4—压环;5—半圆盘;
6—齿条(刀具);7—横拖板;8—纵拖板

图 2-13　齿轮范成仪示意图

在范成仪中,齿条刀具的已知参数为:模数 $m=25$;压力角 $\alpha=20°$;齿顶高系数 $h_a^*=1$;径向间隙系数 $c^*=0.25$;

被切齿轮的参数为:齿数 $z=8$;分度圆直径:$d=mz=200$ mm。

(2) 模数 $m=20$、齿数 $z=8$ 的齿轮范成毛坯示意图见图 2-14。

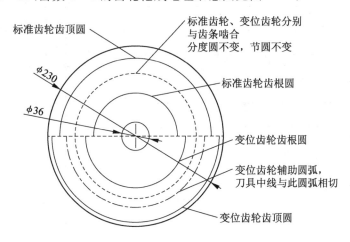

图 2-14　齿轮范成毛坯示意图

2.4.5　实验方法及步骤

① 根据已知的刀具参数和被加工齿轮分度圆直径,计算被加工齿轮的基圆、最大变位量、标准齿轮的齿顶圆与齿根圆直径及变位齿轮的齿顶圆与齿根圆直径等主要参数;然后根据计算结果将上述 6 个圆绘到给定的图纸上,并沿最大圆的圆周剪成圆形纸片,作为本实

验用的"轮坯"。

② 把图纸(轮坯)安装在半圆盘 5 上,对准中心由压环 4 压住,并放在齿条(刀具)6 的下面。

③ 调节刀具中线,使其与被加工齿轮(轮坯)分度圆相切。

④ "切制"齿廓时,先把刀具移向一端,使刀具的齿廓退出轮坯中标准齿轮的齿顶圆,然后每当刀具向另一端移动 1 个刻度的距离时,描下刀刃在图纸轮坯上的位置,直到形成两个完整的轮齿时为止,此时应注意轮坯上齿廓的形成过程,并观察其根切现象。

⑤ 重新调整刀具,使刀具中线远离轮坯中心,移动距离为避免根切的最小变位量,再"切制"齿廓,此时使刀具的齿顶线与变位齿轮的齿根圆相切。按照上述的操作过程,同样可以"切制"得到正变位齿轮的齿廓曲线。为了便于比较,"切制"标准齿轮齿廓与变位齿轮齿廓采用另一种颜色笔分开。

2.4.6 填写实验报告

(1) 将计算数据列表填在表 2-5 中。

(2) 将齿廓图贴在实验报告中。

(3) 将实验结果比较填在表 2-6 中。

(4) 思考并讨论。

① 实验所得的标准齿轮齿廓与正变位齿轮齿廓的形状是否相同?为什么?

② 通过实验,说明所观察到的根切的具体部位,并说明引起根切的原因和避免根切的方法。

表 2-5　计算数据

名称	单位	计算公式与结果	
		标准齿轮	变位齿轮
变位量 X			
分度圆半径 r			
基圆半径 r_b			
齿根圆半径 r_f			
齿顶圆半径 r_a			
节圆半径 r'			
分度圆齿厚 s			
分度圆齿槽宽 e			
分度圆齿距 P			
基圆齿距 P_b			

表 2-6　实验结果比较(说明变位齿轮的变化特点)

名称	s	e	P	P_b	d_f	d_a	d	d_b
标准齿轮与变位齿轮比较								

2.5　机构运动简图测绘与分析实验

在对机构进行分析和设计时,常常撇开构件的实际外形、运动副的具体结构和组成构件的零件数目等与运动无关的因素,而用简单的线条和规定的符号代表构件和运动副,并按一定比例表示各运动副的相对位置和构件尺寸,这种用来表明机构各构件间相对运动关系的简单图形称为机构运动简图。机构运动简图可以简明地表达一部机器的传动原理,是工程技术人员进行机构设计、分析和交流的工具,工科学生应当加强机构运动简图测绘的训练。

2.5.1　实验目的

① 学会根据实际机械或模型的结构绘制机构运动简图的原理和方法。
② 掌握机构自由度的计算方法及机构具有确定运动的条件。
③ 巩固和扩展对机构的运动及其工作原理的分析能力。

2.5.2　实验原理

机构运动简图是用来研究机构运动学和动力学不可缺少的一种简单图形。一般在设计的初始阶段,用机构运动简图来表达设计方案和进行必要的计算。根据运动简图还可以全面了解整个机构及其局部的组成形式。由于机构的运动状态仅与组成机构的构件数目和该机构中运动副的种类、数目及各运动副的相对位置有关,因此机构运动简图不考虑构件的复杂外形及运动副的具体构造,而用简单的线条和规定的符号来代表每一个构件和运动副,并按照一定的比例尺寸表示各运动副的相对位置关系,以此说明实际机构的运动特征,由此所绘制得到的简单图形称之为机构运动简图。

2.5.3　实验设备和工具

① 各种机器实物或机构模型。
② 卡尺、钢卷尺或直尺。
③ 三角板、圆规、铅笔及橡皮(学生自备)。

2.5.4　实验方法及步骤

(1) 确定组成机构的构件数目
① 缓慢转动手柄,使机构开始运动,观察机构的运动传递情况。
② 从原动件开始仔细观察机构的运动,确定哪个是运动输入构件,哪些是固定构件(机架),哪些是活动构件,哪个是运动输出构件,并逐一编排构件序号,从而确定活动构件的数目。
(2) 确定运动副的种类
从原动件开始仔细研究组成运动副两构件之间的接触情况(点接触或面接触),以及相对运动的性质(相对转动或相对移动),以此确定其间所构成的运动副的种类。

（3）选择视图面

① 一般选择与多数构件运动平面平行的面作为绘制简图的视图面。

② 当用一个视图尚不足以表达清楚时，可以再增加视图或作局部视图。

（4）绘制机构草图

① 任意确定原动件相对于机架的位置，在草稿纸上徒手按规定的符号及构件的连接次序逐步画出机构运动简图的草图，然后用阿拉伯数字1,2,3等标注各构件，用英文大写字母A,B,C等标注各运动副。

② 对于组成转动副的构件，不管其实际形状如何，都只用两转动副之间的连线代表；对于组成移动副的构件，不管其截面形状如何，一般用滑块或导杆表示，机架底部用斜线表示为固定件，原动件上标有箭头符号以表示其运动方向。

（5）验算自由度

① 根据草图，计算该机构的自由度。

② 对比所计算的自由度与实际机构的原动件数目是否相同，检查绘制的简图及自由度的计算是否正确。

③ 若自由度与实际机构原动件数不相符，则进行检查和修改，直至相符并正确为止。

（6）按比例绘制出机构运动简图

① 仔细测量机构的有关运动学尺寸（如转动副的中心距、移动副的方向线、线间的夹角等），并记录相应数据。

② 选择恰当的比例，使图面匀称，按比例绘制出机构运动简图。

机构运动简图的长度比例尺用 μ_l 表示。

$$\mu_l = \frac{\text{实际尺寸(mm)}}{\text{图上尺寸(mm)}} \tag{2-52}$$

（7）结束清场

实验结束时，将实验所用的所有工具、仪器及设备整齐归位。

2.5.5 填写实验报告

（1）测绘和分析，将数据列于表2-7。

表2-7 测绘和分析结果

编号	机构名称	运动简图	自由度计算	判断原动件数及机构级别
1		比例尺：	$n=$ $P_L=$ $P_H=$ $F=$	
2				
...				

（2）思考并讨论。

① 一个正确的机构运动简图能说明哪些内容？

② 机构自由度的计算对测绘机构运动简图有什么帮助?

2.6　渐开线齿轮几何参数测定实验

2.6.1　实验目的

① 掌握应用普通游标卡尺和公法线千分尺测定渐开线直齿圆柱齿轮基本参数的方法。
② 进一步巩固并熟悉齿轮各部分名称、尺寸与基本参数之间的关系及渐开线的性质。

2.6.2　实验内容

测定一对相啮合的渐开线直齿圆柱齿轮的基本参数,并判别它是否为标准齿轮。对非标准齿轮,求出其变位系数。

2.6.3　实验设备和工具

① 被测齿轮。
② 游标卡尺、公法线千分尺。
③ 渐开线函数表(学生自备)。
④ 计算器、纸和笔等文具(学生自备)。

2.6.4　实验原理

渐开线直齿圆柱齿轮的基本参数有:齿数 z、模数 m、分度圆压力角 α、齿顶高系数 h_a^*、顶隙系数 c^*、中心距 a 和变位系数 x 等。本实验用游标卡尺和公法线千分尺测量,并通过计算来确定齿轮的基本参数。

(1) 确定齿数 z

齿数 z 可直接从被测齿轮上数出。

(2) 确定模数 m 和分度圆压力角 α

在图 2-15 中,由渐开线性质可知,齿廓间的公法线长度 $\overline{AB}$ 与所对应的基圆弧长 A_0B_0 相等。根据这一性质,用公法线千分尺跨过 n 个齿,测得齿廓间公法线长度为 W_n',然后再跨过 $n+1$ 个齿,测得其长度为 W_{n+1}'。

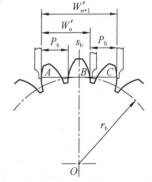

由图 2-15 可知

$$W_n' = (n-1)P_b + s_b, \qquad W_{n+1}' = nP_b + s_b \qquad (2\text{-}53)$$

$$P_b = W_{n+1}' - W_n' \qquad (2\text{-}54)$$

式中:P_b——基圆齿距,$P_b = \pi m\cos\alpha$（mm）,与齿轮变位与否无关;

s_b——实测基圆齿厚,与变位量有关。

图 2-15　公法线长度测量

由此可见,测定公法线长度 W_n' 和 W_{n+1}' 后就可求出基圆齿距 P_b,实测基圆齿厚 s_b,进而可确定出齿轮的压力角 α、模数 m 和变位系数 x。因此,准确测定公法线长度是齿轮基本参数测定中的关键环节。

① 测定公法线长度 W_n' 和 W_{n+1}'。

首先根据被测齿轮的齿数 z，按下列公式计算跨齿数：

$$n = \frac{\alpha°}{180°}z + 0.5 \tag{2-55}$$

式中：α——压力角；

$\quad\quad z$——被测齿轮的齿数。

我国采用模数制齿轮，其分度圆标准压力角是 20° 和 15°。若压力角为 20°，可直接参照表 2-8 确定跨齿数 n。

表 2-8　跨齿数对照表

齿轮轮数 z	12~18	19~27	28~36	37~45	46~54	55~63	64~72	73~81	82~90
跨齿数 n	2	3	4	5	6	7	8	9	10

公法线长度测量按图 2-15 所示方法进行，首先测出跨 n 个齿时的公法线长度 W_n'。测定时应注意使千分尺的卡脚与齿廓工作段中部附近相切，即卡脚与齿轮两个渐开线齿面相切在分度圆附近。为减少测量误差，W_n' 值应在齿轮一周的 3 个均分位置各测量一次，取其平均值。

为求出基圆齿距 P_b，还应按同样方法测量出跨 $n+1$ 齿时的公法线长度 W_{n+1}'。

② 确定基圆齿距 P_b，实际基圆齿厚 s_b。

$$P_b = W_{n+1}' - W_n' \tag{2-56}$$

$$s_b = W_n - (n-1)P_b \tag{2-57}$$

③ 确定模数 m 和压力角 α。

根据求得的基圆齿距 P_b，可按下式计算出模数：

$$m = P_b/(\pi\cos\alpha) \tag{2-58}$$

由于式中 α 可能是 15° 也可能是 20°，故分别代入计算出两个相应模数，取其最接近于标准值的一组 m 和 α。标准模数见表 2-9。

表 2-9　标准模数（GB 1357—87）

第一系列	0.1　0.12　0.15　0.2　0.25　0.3　0.4　0.5　0.6　0.8　1　1.25　1.5　2　2.5　3 4　5　6　8　10　12　16　20　25　32　40　50
第二系列	0.35　0.7　0.9　1.75　2.25　2.75　(3.25)　3.5　(3.75)　4.5　5.5　(6.5)　7　9 (11)　14　18　22　28　(30)　36　45

（3）测定齿顶圆直径 d_a' 和齿根圆直径 d_f' 及计算全齿高 h'

为减少测量误差，同一数值在不同位置上测量 3 次，然后取其算术平均值。

当齿数为偶数时，d_a' 和 d_f' 可用游标卡尺直接测量，如图 2-16 所示。

当齿数为奇数时，直接测量得不到 d_a' 和 d_f' 的真实值，而须采用间接测量方法，如图 2-17 所示。先量出齿轮安装孔直径 D（单位：mm），再分别量出孔壁到某一齿顶的距离 H_1（单位：mm）和孔壁到某一齿根的距离 H_2（单位：mm），则 d_a'（单位：mm）和 d_f'（单位：mm）可按下式求出：

① 齿顶圆直径 d_a'

$$d_a' = D + 2H_1 \tag{2-59}$$

② 齿根圆直径 d_f'

$$d_f' = D + 2H_2 \qquad (2\text{-}60)$$

③ 奇数齿全齿高 h'

$$h' = H_1 - H_2 \qquad (2\text{-}61)$$

④ 偶数齿全齿高 h'

$$h' = \frac{1}{2}(d_a - d_f) \qquad (2\text{-}62)$$

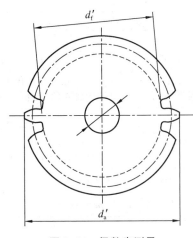

图 2-16　偶数齿测量

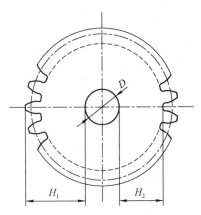

图 2-17　奇数齿测量

（4）判定是否为标准齿轮并确定变位系数 x

标准齿轮的理论公法线长度为

$$W_n = m\cos \alpha \times [(n - 0.5)\pi + z\,\mathrm{inv}\,\alpha]$$

若实测得齿轮的公法线长度 W_n'（由于齿轮在实际使用中,用齿厚的加工允差（负值）来保证有齿侧间隙,公法线长度就有了一定的减薄量,所以要注意加上此减薄量,其值根据估计的齿轮精度,查公差数值表确定）与同样跨齿数的标准齿轮公法线长度 W_n 不一致时,所测的齿轮就是变位齿轮。由公式

$$W_n' - W_n = 2xm\sin \alpha \qquad (2\text{-}63)$$

可求出被测齿轮的变位系数

$$x = \frac{W_n' - W_n}{2m\sin \alpha} \qquad (2\text{-}64)$$

若 $x > 0$,则为正变位齿轮;若 $x < 0$,则为负变位齿轮。

（5）渐开线圆柱齿轮参数测定计算公式见表 2-10

表 2-10　渐开线圆柱齿轮参数测定计算公式

序号	参数	符号	计算公式
1	模数	m	$m\cos \alpha = P_b/\pi$
	压力角	α	代入 $\alpha = 20°$, $\alpha = 15°$ 分别获得相应的模数,取最接近标准值的一组模数和压力角

序号	参数	符号	计算公式
2	齿轮公法线长度	W_n	$W_n = m\cos\alpha \times [(n-0.5)\pi + z \cdot \text{inv } \alpha]$
	变位系数	x	$x = \dfrac{W'_n - W_n}{2m\sin\alpha}$
	分度圆直径	d	$d = mz$
	分度圆齿厚	s	$s = \pi m/2 + 2xm\tan\alpha$
	基圆齿距	P_b	$P_b = \pi m\cos\alpha$
3	齿顶高系数	h_a^*	$x=0$ 时，$h_a^* = \dfrac{d'_a - mz}{2m} = \dfrac{d'_a}{2m} - \dfrac{z}{2}$；$c^* = \dfrac{mz - d'_f}{2m} - h_a^*$ $x \neq 0$ 时，$h_a^* + c^* = \dfrac{mz - d'_f}{2m} + x$
	顶隙系数	c^*	将 $h_a^*=1,c^*=0.25$ 与 $h_a^*=0.8,c^*=0.3$ 分别代入上式，取使等式成立，或最接近成立的一组
4	齿顶高变动系数	Δy	$\Delta y = \dfrac{mz + 2h_a^* m + 2xm - d'_a}{2m} = h_a^* + x + \left(\dfrac{mz - d'_a}{2m} \right)$
5	齿顶圆直径	d_a	$d_a = mz + 2h_a^* m + 2xm - 2\Delta ym$
	齿根圆直径	d_f	$d_f = mz - 2(h_a^* + c^*)m + 2xm$
	全齿高	h	$h = 2h_a^* m + c^* m - \Delta ym$

2.6.5 填写实验报告

(1) 记录测量数据并填写在表 2-11 中。

(2) 基本几何参数计算填写在表 2-12 中。

(3) 思考并讨论。

① 渐开线直齿圆柱齿轮的基本参数有哪些？

② 测量公法线长度时，游标卡尺卡脚放在渐开线齿廓工作段的不同位置上(但保持与齿廓相切)，对测量结果有无影响，为什么？

③ 同一模数、齿数、压力角的标准齿轮的公法线长度是否相等？基圆齿距是否相等？为什么？

表 2-11　测量数据记录表

齿轮编号			No.				No.				备注
项目	符号	单位	测量数据			平均测量值	测量数据			平均测量值	
			1	2	3		1	2	3		
齿数	z										
跨齿数	n										
公法线长度	W'_n										
公法线长度	W'_{n+1}										

续表

齿轮编号			No.				No.				备注
项目	符号	单位	测量数据			平均测量值	测量数据			平均测量值	
			1	2	3		1	2	3		
孔壁到齿顶距	H_1										
孔壁到齿根距	H_2										
孔内径	D										
齿顶圆直径	d_a'										
齿根圆直径	d_f'										
全齿高	h'										

表 2-12 基本几何参数计算

项目	符号	单位	计算公式	计算结果	
				No.	No.
模数	m				
压力角	α				
齿顶高系数	h_a^*				
顶隙系数	c^*				
基圆齿距	P_b				
变位系数	x				
分度圆直径	d				
齿顶圆直径	d_a				
齿根圆直径	d_f				
全齿高	h				
分度圆齿厚	s				

2.7 减速器拆装实验

2.7.1 概述

减速器是由封闭在箱体内的齿轮传动或蜗杆传动所组成的独立部件,常安装在机械的原动机与工作机之间,用以降低输入的转速并相应地增大输出转矩。减速器的结构随其类型和要求不同而异,但其基本结构均由箱体、轴系零件和附件三部分组成。图 2-18 所示为单级圆柱齿轮减速器,现结合该图简要介绍减速器的结构。

33

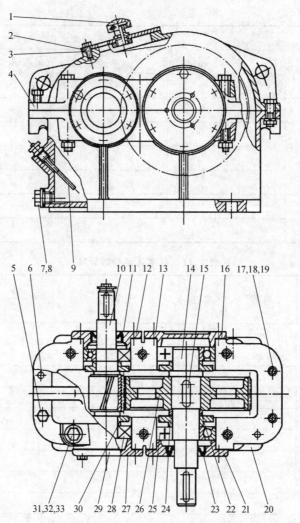

1—通气器;2—观察孔;3—密封垫片;4—箱盖;5—启盖螺钉;6—定位销;7—放油螺塞;8—防漏垫圈;
9—油面指示器;10—高速轴;11—密封圈;12,13—轴承端盖;14—低速轴;15—普通平键;16,29—垫片;
17,18,19,31,32,33—螺栓;20—箱座;21—轴承端盖;22—轴套;23—密封圈;24—封油环;
25,28—角接触球轴承;26—大齿轮;27—轴承端盖;30—封油环

图 2-18　单级圆柱齿轮减速器装配图

2.7.1.1　箱体结构

减速器的箱体用来支撑和固定轴系零件,以保证传动件轴线相互位置的正确性,因而轴孔必须精确加工,以免引起沿齿轮齿宽上载荷的分布不均匀。箱体必须具有足够的强度和刚度,为了增加箱体的刚度,通常在箱体上制出肋板。

为了便于轴系零件的安装和拆卸,箱体通常制成剖分式。剖分面一般取在轴线所在的水平面内(即水平剖分),以便于加工。箱盖 4 和箱座 20 之间用螺栓 17,18,19 和 31,32,33 连接成一整体,为了使轴承座旁的联接螺栓尽量靠近轴承座孔,应在轴承座旁制出凸台。设计螺栓孔位置时,应注意留出扳手空间。

箱体通常用灰铸铁(HT150 或 HT200)铸成,对于受冲击载荷的重型减速器也可采用

34

铸钢箱体。单件生产时为了简化工艺、降低成本,可采用钢板焊接箱体。

2.7.1.2 轴系零件

图 2-18 中高速级的小齿轮直径和轴的直径相差不大,将小齿轮与轴制成一体。大齿轮与轴分开制造,用普通平键 15 做周向固定。轴上零件用轴肩、轴套 22、封油环 24,30 与轴承端盖 21,13,12,27 做轴向固定。两轴均采用角接触球轴承 25,28 做支承,承受径向载荷和轴向载荷的联合作用。轴承端盖与箱体座孔外端面之间垫有调整垫片组 16,29,以调整轴承游隙,保证轴承正常工作。

该减速器中的齿轮传动采用油池浸油润滑,大齿轮的轮齿浸入油池中,靠它把润滑油带到啮合处进行润滑。滚动轴承采用润滑脂润滑,为了防止箱体内的润滑油进入轴承,应在轴承和齿轮之间设置封油环 24,30。轴伸出的轴承端盖孔内装有密封元件,图 2-18 中采用的内包骨架旋转轴唇型密封圈 11,23 对防止箱内润滑油泄漏,以及外界灰尘、异物进入箱体,具有良好的密封效果。

2.7.1.3 减速器附件

(1)定位销

精加工轴承座孔前,在箱盖和箱座的联接凸缘上配装定位销 6,以保证箱盖和箱座的装配精度,同时也保证了轴承座孔的精度。两定位圆锥销应设在箱体纵向两侧联接凸缘上,且不宜对称布置,以加强定位效果。

(2)观察孔盖板

为了检查传动零件的啮合情况,并向箱体内加注润滑油,在箱盖的适当位置设置一观察孔 2,观察孔多为长方形,观察孔盖板平时用螺钉固定在箱盖上,盖板下垫有纸质密封垫片 3,以防漏油。

(3)通气器

通气器 1 用来沟通箱体内外的气流,使箱体内的气压不会因减速器运转时的油温升高而增大,从而提高了箱体分箱面、轴伸端缝隙处的密封性能。通气器多装在箱盖顶部或观察孔盖上,以便箱内的膨胀气体自由逸出。

(4)油面指示器

为了检查箱体内的油面高度,以及时补充润滑油,应在油箱便于观察和油面稳定的部位装设油面指示器 9。油面指示器分油标和油尺两类,图 2-18 中减速器采用的是油尺。

(5)放油螺塞

换油时,为了排放污油和清洗剂,应在箱体底部、油池最低位置开设放油孔,平时放油孔用放油螺塞 7 旋紧。放油螺塞和箱体结合面之间应加防漏垫圈 8。

(6)启盖螺钉

装配减速器时,常常在箱盖和箱座的结合面处涂上水玻璃或密封胶,以增强密封效果,但却给开启箱盖带来了困难。为此,在箱盖侧边的凸缘上开设螺纹孔,并拧入启盖螺钉 5。开启箱盖时,拧动启盖螺钉,迫使箱盖与箱座分离。

(7)起吊装置

为了便于搬运,需在箱体上设置起吊装置。图 2-18 中,箱盖上装有两个吊耳,用于起吊箱盖。箱座上装有两个吊钩,用于吊运整台减速器。

2.7.2　实验目的

对减速器的箱体、齿轮、轴和轴承等零件进行全面细致地观察,了解其结构特点和作用,以及轴承和齿轮的润滑情况,为在进行课程设计时能设计一台合理的减速器打下良好的基础。

2.7.3　实验设备和工具

① 二级圆柱齿轮减速器。
② 拆装工具。
③ 钢板尺。

2.7.4　实验方法及步骤

① 打开观察孔盖板,转动高速轴,观察齿轮的啮合情况,注意观察孔开设的位置及尺寸大小。

② 取出定位销,拧下轴承端盖螺钉及箱盖与箱座的联接螺栓,借助启盖螺钉将箱盖与箱体分离。利用起吊装置取下箱盖,并翻转$180°$,在一旁放置平稳,以免损坏结合面。

③ 观察箱体内各零部件间的相互位置,并进行必要的测量,将测量结果记于实验报告的表格中,并画出传动示意图和箱盖(或箱座)的草图(指导教师可根据不同专业进行取舍)。

④ 取出轴承端盖,将轴系部件取出并放在木板或胶皮上,详细观察轴系部件上齿轮、轴承、封油环等零件的结构,分析安装、拆卸、固定、调整对零件结构的要求,并绘制轴系部件的结构草图。

⑤ 观察箱座上放油孔、油面指示器的位置和结构。

⑥ 测量各种螺钉直径,将测量结果记录于实验报告相应的表中,根据实验报告的要求测量其他有关尺寸,并记录于表中(测量项目由指导教师进行取舍)。

⑦ 按拆卸的相反顺序将减速器复原,并拧紧螺钉。注意:安放箱盖前要旋回启盖螺钉。

⑧ 实验结束时,整理工具,经指导教师检查后才能离开实验室。

2.7.5　填写实验报告

(1) 绘制减速器结构装配草图。
(2) 在表 2-13 中填写减速器尺寸。

表 2-13　减速器尺寸

名称	符号	减速器型式及尺寸	
		齿轮减速器	蜗轮减速器
大齿轮齿顶圆(蜗轮外圆)与箱体内壁距离	Δ		
齿轮端面(蜗轮端面)与箱体内壁距离	Δ_1		
轴承安装位置离箱体内壁距离	l_2		
齿轮传动的齿侧间隙	j_{t0}		

续表

名称		符号	减速器型式及尺寸	
			齿轮减速器	蜗轮减速器
中心距	第 1 级	a_1		
	第 2 级	a_2		
齿轮齿数	1	Z_1		
	2	Z_2		
	3	Z_3		
	4	Z_4		
齿轮传动比	第 1 级	i_1		
	第 2 级	i_2		
大齿轮外径	第 1 级	D_{a2}		
	第 2 级	D_{a4}		
齿轮法面模数	第 1 级	m_{n1}		
	第 2 级	m_{n2}		
中心高		H		

（3）思考并讨论。

① 如何保证箱体支撑具有足够刚度？

② 轴承座两侧上下箱联接螺栓应如何布置？支承该螺栓凸台高度应如何确定？

③ 如何减轻箱体的重量和减少箱体的加工面积？

④ 减速箱的附件，如吊钩、定位销钉、启盖螺钉、油标、油塞、观察孔和通气器（孔）等各起何作用？其结构如何？应如何合理布置？

⑤ 轴的热膨胀如何进行补偿？

⑥ 轴承是如何进行润滑的？

⑦ 如箱座的结合面上有油沟，下箱座应取怎样的相应结构才能使箱盖上的油进入油沟？油沟有几种加工方法？加工方法不同，油沟的形状有何异同？

⑧ 为了使润滑油经油沟后进入轴承，轴承盖的结构应如何设计？

⑨ 在何种条件下滚动轴承的内侧要用挡油环或封油环？其作用原理、构造和安装位置如何？

⑩ 大齿轮齿顶圆距箱底壁间为什么要留一定距离？这个距离如何确定？

2.8　螺栓组联接实验

2.8.1　实验目的

① 测试螺栓组联接在翻转力矩作用下各螺栓所受的载荷。

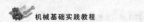

② 深化课程学习中对螺栓组联接受力分析的认识。

③ 初步掌握电阻应变仪的工作原理和使用方法。

2.8.2 实验原理

多功能螺栓组联接实验台结构如图 2-19 所示,被联接件机座 1 和托架 4 被双排共 10 个测试螺栓 2 联接,联接面间加入垫片 11(硬橡胶板);砝码 7 的重力通过双级杠杆加载系统 6(1∶75)增力作用到托架 4 上,托架受到翻转力矩的作用;螺栓组联接受横向载荷和倾覆力矩联合作用,各个螺栓所受轴向力不同,它们的轴向变形也就不同。在各个螺栓上贴有电阻应变片,可在螺栓中段测试部位的任一侧贴一片,或在对称的两侧各贴一片,如图 2-20 所示,各个螺栓的受力可通过贴在其上的电阻应变片的变形,用电阻应变仪测得。

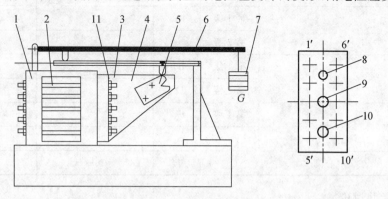

1—机座;2—测试螺栓;3—测试梁;4—托架;5—测试齿块;

6—杠杆系统;7—砝码;8—齿板接线柱;9—螺栓 1′,5′接线柱;

10—螺栓 6′,10′接线柱;11—垫片

图 2-19　多功能螺栓组联接实验台结构

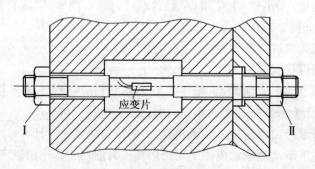

图 2-20　螺栓安装及贴片图

静态电阻应变仪的工作原理如图 2-21 所示,主要由测量桥、桥压、滤波器、A/D 转换器、MCU、键盘、显示屏组成。测量方法:由 DC 2.5 V 高精度稳定桥压供电,通过高精度放大器,把测量桥桥臂压差(μV 信号)放大,后经过数字滤波器,滤去杂波信号,通过 24 位 A/D 模数转换送入 MCU(即 CPU)处理,调零点方式采用计算机内部自动调零。处理后,信号被送显示屏显示测量数据,同时配有 RS232 通讯口,可以与计算机通讯。

$$\Delta U_{BD} = \frac{E}{4K}\varepsilon \tag{2-65}$$

式中：ΔU_{BD}——工作片平衡电压差；

　　E——桥压；

　　K——电阻应变系数；

　　ε——应变值。

通过应变仪测量出 ΔU_{BD} 的变化和螺栓的应变量。电阻应变仪的工作原理如图 2-21 所示,主要由测量桥、读数桥、毫安表等组成。工作电阻应变片和补偿电阻应变片分别接入电阻应变仪测量桥的一个臂,当工作电阻片由于螺栓受力变形,长度变化 ΔL 时,其电阻值也要变化 ΔR,并且 $\Delta R/R$ 正比于 $\Delta L/L$,ΔR 使测量桥失去平衡,使毫安表恢复零点,读出读数桥的调节量,即为被测螺栓的应变量。

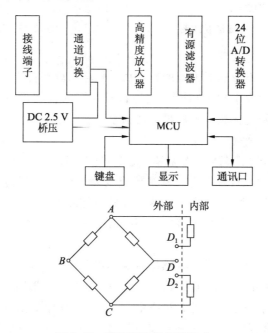

图 2-21　静态应变仪系统组成

多功能螺栓组联接实验台的托架 4 上还安装有一测试齿块 5,它是用来做齿根应力测试实验的;机座 1 上还固定有一测试梁 3(等强度悬臂梁),它是用来做梁的应力测试实验的。

测试齿块 5 与测试梁 3 与本实验无关,在做本实验前应将测试齿块 5 固定螺钉拧松。

2.8.3　实验设备和工具

① 多功能螺栓组联接实验台。

② 电阻应变仪。

③ 其他仪器工具:螺丝刀,扳手。

2.8.4　实验方法及步骤

2.8.4.1　实验方法

（1）仪器连线

用导线从实验台的接线柱上把各螺栓的应变片引出端及补偿片的连线连接到电阻应

变仪上。采用半桥测量的方法:如每个螺栓上只贴一个应变片,其连线如图 2-22 所示;如每个螺栓上对称两侧各贴两个应变片,其连线如图 2-23 所示。后者可消除螺栓偏心受力的影响。

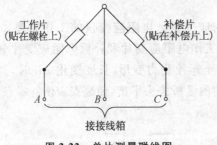

图 2-22　单片测量联线图

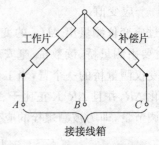

图 2-23　双片测量联线图

（2）螺栓初预紧

抬起杠杆加载系统,不使加载系统的自重加到螺栓组联接件上。先将图 2-20 中所示的左端各螺母用手(不能用扳手)尽力拧紧,然后再把右端的各螺母也用手尽力拧紧(如果在实验前螺栓已经受力,则应将其拧松后再做初预紧)。

（3）应变测量点预调平衡

以各螺栓初预紧后的状态为初始状态,先将杠杆加载系统安装好,使加载砝码的重力通过杠杆放大加到托架上;然后再进行各螺栓应变测量的"调零"(预调平衡),即把应变仪上各测量点的应变量都调到"0"读数。预调平衡砝码加载前,应松开测试齿块(即使载荷直接加在托架上,测试齿块不受力),加载后,加载杠杆一般呈向右倾斜状态。

（4）螺栓预紧

实现预调平衡之后,再用扳手拧各螺栓右端螺母 Ⅱ 来加预紧力。为防止预紧时螺栓测试端受到扭矩作用产生扭转变形,在螺栓的右端设有一段"U"形断面,它嵌入托架接合面处的矩形槽中,以平衡拧紧力矩。在拧紧过程中,为防止各螺栓预紧变形的相互影响,各螺栓应先后交叉并重复预紧(可按 1—10—5—6—7—4—2—9—8—3 依次进行),以使各螺栓均预紧到相同的设定应变量(即应变仪显示值为 $\varepsilon=280-320\mu\varepsilon$)。为此,要反复调整预紧 3～4 次或者更多。在预紧过程中,用应变仪来监测。螺栓预紧后,加载杠杆一般会呈右端上翘状态。

（5）加载实验

完成螺栓预紧后,在杠杆加载系统上依次增加砝码,实现逐步加载,加载后记录各螺栓的应变值(据此计算各螺栓的总拉力)。注意:加载后,任一螺栓的总应变值(预紧应变＋工作应变)不应超过允许的最大应变值($\varepsilon_{max} \leqslant 800\mu\varepsilon$),以免螺栓超载损坏。

2.8.4.2　实验步骤

① 检查各螺栓处于卸载状态。

② 将各螺栓的电阻应变片接到应变仪预调箱上。

③ 在不加载的情况下,先用手拧紧螺栓组左端各螺母,再用手拧紧右端螺母,实现螺栓初预紧。

④ 在加载的情况下,把应变仪上各个测量点的应变量都调到"0",实现预调平衡。

⑤ 用扳手交叉并重复拧紧螺栓组右端各螺母,使各螺栓均预紧到相同的设定预应变量

（应变仪显示值为 $\varepsilon=280-320\mu\varepsilon$）；

⑥ 依次增加砝码，实现逐步加载到 2.5 kg，记录各螺栓的应变值。

⑦ 测试完毕后，逐步卸载，并去除预紧。

⑧ 整理数据，计算各螺栓的总拉力，填写实验报告。

2.8.5　实验结果处理与分析

（1）螺栓组联接实测工作载荷图

根据实测记录的各螺栓的应变量，计算各螺栓所受的总拉力 F_{2i}：

$$F_{2i}=E\varepsilon_i S \tag{2-66}$$

式中：E——螺栓材料的弹性模量（GPa）；

　　S——螺栓测试段的截面积（m^2）；

　　ε_i——第 i 个螺栓在倾覆力矩作用下的拉伸应变量。

根据 F_{2i} 绘出螺栓组联接实测工作载荷图。

（2）螺栓组联接理论计算受力图

砝码加载后，螺栓组受到横向力 Q 和倾覆力矩 M 的作用，即

$$Q=75G+G_0 \tag{2-67}$$

$$M=QL \tag{2-68}$$

式中：G——加载砝码重力（N）；

　　G_0——杠杆系统自重折算的载荷（700 N）；

　　L——力臂长（214 mm）。

在倾覆力矩作用下，各螺栓所受的工作载荷 F_i：

$$F_i=\frac{M}{\sum\limits_{i=1}^{z}L_i}=F_{\max}\frac{L_i}{L_{\max}} \tag{2-69}$$

$$F_{\max}=\frac{ML_{\max}}{\sum\limits_{i=1}^{z}L_i^2}=\frac{ML_{\max}}{2\times 2(L_1^2+L_2^2)} \tag{2-70}$$

式中：Z——螺栓个数；

　　$F_{\max}$——螺栓中的最大总拉力（N）；

　　L_i——螺栓轴线到底板翻转轴线的距离（mm）。

2.8.6　填写实验报告

（1）写出实验原理与实验方法。

（2）填写测试记录（见表 2-14）。

表 2-14 测试记录

螺栓号	1		2		3		4		5	
数据	ε_1	F_1	ε_2	F_2	ε_3	F_3	ε_4	F_4	ε_5	F_5
预调零										
预紧										
加载										
螺栓号	6		7		8		9		10	
数据	ε_6	F_6	ε_7	F_7	ε_8	F_8	ε_9	F_9	ε_{10}	F_{10}
预调零										
预紧										
加载										

（3）填写理论计算（填写表 2-15）。

表 2-15 理论计算

螺栓号	1	2	3	4	5	6	7	8	9	10
数据										
预调零										
预紧										
加载										

（4）螺栓组联接工作载荷图（实测、理论计算）。

（5）思考并讨论。

① 螺栓组联接理论计算与实测的工作载荷间存在误差的原因有哪些？

② 实验台上的螺栓组联接可能的失效形式有哪些？

2.9 带传动的滑动率和效率测定实验

2.9.1 概述

带传动是靠带与带轮间的摩擦力来传递运动和动力的。在传递转矩时,传动带的紧边和松边受到的拉力不同。由于带是弹性体,受力不同时,带的变形量也不相同。紧边拉力大,相应的伸长变形量也大。在主动轮上,当带从紧边转到松边时,拉力逐渐减小,带的弹性变形逐渐变小而回缩,带的运动滞后于带轮。也就是说,带与带轮之间产生了相对滑动。而在从动轮上,带从松边转到紧边时,带所受的拉力逐渐增加,带的弹性变形量也随之增大,带微微向前伸长,带的运动超前于带轮,带与带轮间同样也发生相对滑动。这种由于带的弹性变形而引起的带与带轮之间的滑动,称为弹性滑动。这种弹性滑动在带传动中是不可避免的,其结果是使从动带轮的圆周速度低于主动轮的圆周速度,导致传动比不准确,并引起带传动效率的降低及带本身的磨损。

带传动中滑动的程度用滑动率 ε 表示，其表达式为

$$\varepsilon = \frac{v_1 - v_2}{v_1} = \left(1 - \frac{D_2 n_2}{D_1 n_1}\right) \times 100\%$$ (2-71)

式中：v_1，v_2——主动轮、从动轮的圆周速度（m/s）；

$\quad\quad$ n_1，n_2——主动轮、从动轮的转速（r/min）；

$\quad\quad$ D_1，D_2——主动轮、从动轮的直径（mm）。

如图 2-24 所示，带传动的滑动随有效拉力（有效圆周力）F 的增减而增减，表示这种关系的 ε-F 曲线称为滑动曲线（曲线 1）。当有效拉力 F 小于临界点 F′时，滑动率 ε 与有效拉力 F 成线性关系，带处于弹性滑动工作状态；当有效拉力 F 超过点 F′以后，滑动率急剧上升，此时带处于弹性滑动与打滑同时存在的工作状态；当有效拉力等于 F_{max} 时，滑动率近于直线上升，带处于完全打滑的工作状态。图中曲线 2 为带传动的效率曲线，即表示带传动效率 η 与有效拉力 F 之间关系的 η-F 曲线。当有效拉力增加时，传动效率逐渐提高，当有效拉力超过点 F′以后，传动效率急剧下降。

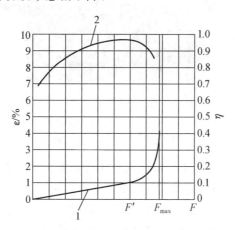

1—滑动曲线；2—效率曲线

图 2-24　带传动的滑动曲线和效率曲线

带传动最合理的状态，应使有效拉力 F 等于或稍低于临界点 F′，这时带传动的效率最高，滑动率 ε＝1%～2%，并且还有余力负担短时间（如启动）的过载。

2.9.2　实验目的

① 实际观察带传动的弹性滑动和打滑现象。

② 通过对滑动曲线（ε-F 曲线）和效率曲线（η-F 曲线）的测定，认识带传动的特性、承载能力、效率及其影响因素。

2.9.3　实验内容

通过实验，测试负载变化时带传动的有效拉力与弹性滑动率的关系，以及带传动的有效拉力与传动效率的关系。绘制带传动滑动曲线和效率曲线，使学生了解带传动的弹性滑动和打滑对传动效率的影响。

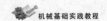

2.9.3.1 实验设备和实验原理

实验台由机械部分和电路控制两部分组成。

(1) 机械部分的结构、原理

机械部分的结构如图 2-25 所示。带传动系统的输入采用调速电机 5,方便调节输入功率;输出负载采用直流发电机 8,其电枢绕组两端接上灯泡负载 9,发电机每按一下面板上的加载按钮,负载电阻增加,实现发电机即带传动负载的调节。

原动机的浮动底板 1 为浮动结构,能沿水平方向移动。浮动底板 1 通过钢丝绳、定滑轮与砝码相连,改变砝码的大小,即可准确的预定带传动初拉力。

1—电机浮动底板;2—砝码;3—压力传感器;4—测力杆;5—调速电机;6—平带;
7—光电测速装置;8—直流发电机;9—灯泡负载;10—机壳;11—控制面板

图 2-25　机械部分结构图

带传动输入和输出轴的转矩采用机械式测功机的原理测定转矩,两电机均采用悬挂支撑,电机定子可转动,其外壳上装有测力杆,支点压在压力传感器 3 上,当传递载荷时,作用在定子上的力矩使定子转动,通过压力传感器 3 得到正比于电动机和负载发电机的转矩原始信号。电子电路将该信号通过 A/D 转换成主、从动带轮的驱动力和阻力数据,由显示面板读出。

(2) 电路控制部分的工作原理

图 2-26 为实验设备电子电路的逻辑框图,图 2-27 为带传动实验台控制面板。

电路部分由电机调速电源电路、转速测试和显示电路、驱动和负载力测试电路等部分组成。调节板面上"调速"旋钮改变电动机的转速,从而改变带传动的输入功率;同时,通过带传动改变了发电机的转速,使发电机输出不同的功率。由发电机的电枢端最多可并接 8 个 40 W 灯泡作为负载,改变面板上 $A \sim H$ 的开关状态,即可改变发电机的负载量。输入和输出转矩由压力传感器测得。

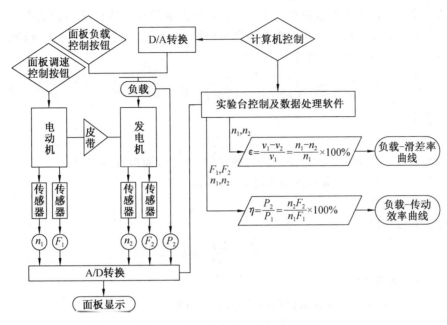

图 2-26 实验台电子电路的逻辑框图

转速测量电路由两电机后端安装的光电测速的角位移传感器、测速转盘及 A/D 转换板组成,所测主、从动带轮的转速在面板上由数码显示。显示电路由左、右两组 LED 数码管分别显示电动机和发电机的转速。在单片机的程序控制下,可分别完成"复位""查看"和"存储"功能、"测量"功能。通电后,该电路自动开始工作,个位右下方的小数点亮,即表示电路正在检测并计算电动机和发电机的转速。通电后或检测过程中,一旦发现测速显示不正常或需要重新启动测速时,可按"复位"键。当需要存储记忆所测到的转速时,可按"存储"键,一共可存储最近的 10 个数据。如果按"查看"键,即可查看前一次存储的数据,再按,可继续向前查看。在"存储"和"查看"操作后,如需继续测量,可按"测量"键,这样就可以同时测量电动机和发电机的转速。

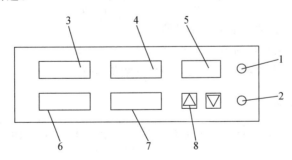

1—电源开关;2—转速调节;3—电动机转矩显示;4—发电机转矩显示;5—负载功率显示;
6—电动机转速显示;7—发电机转速显示;8—加载按钮

图 2-27 带传动实验台控制面板

2.9.3.2 实验数据测量和计算

(1) 转矩和效率的测定

电动机输出转矩 T_1(即主动轮转矩)和发电机负载转矩 T_2(即从动轮转矩)采用机械测

功机方法测定。电动机或发电机的定子外壳（即机壳）支撑在支座的滚动轴承中，并可绕与转子相重合的轴线任意摆动。根据机械测功机的原理，作用于定子上的力矩与转子上的力矩是大小相等且方向相反的，因此

主动轮上转矩

$$T_1 = F_1 L_1 \tag{2-72}$$

从动轮上转矩

$$T_2 = F_2 L_2 \tag{2-73}$$

式中：F_1，F_2——主从动轮压力传感器测得的数值，可通过面板直接读出；

L_1，L_2——力臂，由实验台的结构给出，$L_1 = L_2 = 120 \text{ mm}$。

（2）有效拉力的计算

带传动的有效拉力

$$F = \frac{2T_1}{D_1}$$

式中：T_1——主动轮转矩；

D_1——主动轮直径，由实验台结构，$D_1 = 120 \text{ mm}$。

所以

$$F = \frac{2F_1 L_1}{D_1} \tag{2-74}$$

（3）滑动系数的测量

主动轮转速 n_1 和从动轮转速 n_2 是通过装在它们前面的光电传感器由数字转速仪测出的（在实验台上直接显示读数），由于试验台的 $D_1 = D_2$，根据式（2-71）得

$$\varepsilon = \left(1 - \frac{n_2}{n_1}\right) \times 100\% \tag{2-75}$$

（4）带传动的效率

由实验台结构 $L_1 = L_2$，得

$$\eta = \frac{P_2}{P_1} = \frac{T_2 \times n_2}{T_1 \times n_1} = \frac{F_2 \times n_2}{F_1 \times n_1} \tag{2-76}$$

式中：P_1，P_2——主动、从动轮上的功率（kW）；

n_1，n_2——主动、从动轮的转速（r/min）；

F_1，F_2——主动、从动轮压力传感器测得的数值（N）。

2.9.4　实验方法及步骤

① 打开计算机，启动"带传动实验系统"软件，进入带传动的界面，单击左键，进入带动实验说明界面。

② 在带传动实验说明界面下方界面单击【实验】键，进入带传动实验分析界面。

③ 启动实验台的电动机，待带传动运转平稳后，可进行带传动实验。

④ 确定带的初拉力 $2F_0$ 值。根据初拉力的大小决定砝码 2（见图 2-25）的重量，将传动带张紧（注意，记录实验台主要参数，如带型号 D_1，D_2，L_1，L_2 等）。

⑤ 空载调零。调整测力磅秤读数的零点，检查发电机负载应为零值。

⑥ 按操作规程缓慢启动电动机，将转速调至一定值（按指导教师的规定），并注意随时

保持转速的稳定性。逐级调整发电机负载,记录各级负载下的 n_1,n_2,T_1,T_2 值,依次做到带在带轮上接近打滑时为止(滑动率约为 10% 即可),然后停止实验。卸去负载,按上述程序重复做一次,再停机,取两次的平均值。测得的数据应不少于 6~8 点。

⑦ 改变初拉力(或主动轮转速),重复上述步骤,做出另一组实验数据。

⑧ 要打印带传动滑动曲线和效率曲线。在该界面下方单击【打印】键,打印机自动打印出带传动滑动曲线和效率曲线。

⑨ 如果实验结束,单击【退出】,返回 Windows 界面。

2.9.5　填写实验报告

(1) 写出实验原理与实验方法。

(2) 填写原始数据及实验记录(填写表 2-16)。

表 2-16　实验记录

项目测点	测定数据						计算数据				
	a_1/cm	W_1/kg	a_2/cm	W_2/kg	n_1/(r·min^{-1})	n_2/(r·min^{-1})	M_1/(kg·cm)	M_2/(kg·cm)	η/%	ε/%	F/N
空载											
1											
...											

(3) 绘制效率和滑动率曲线(如图 2-28 所示)。

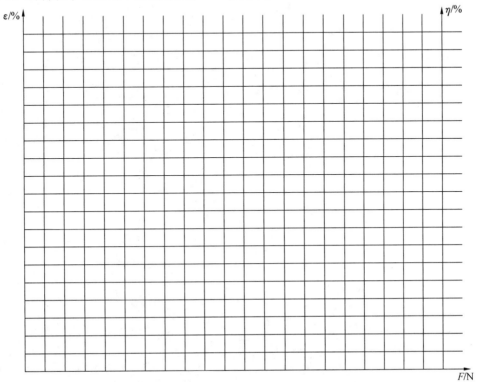

图 2-28　实验测量的带传动效率和滑动率曲线

允许传递的有效滑动力[F]=_____ N；

允许传递的功率 $P_0 = [F] \times V/1\,000 =$ _____ kW。

（4）思考并讨论。

① 带传动效率与哪些因素有关？为什么？

② 带传动的滑动系数与哪些因素有关？为什么？

③ 试解释实验所得的效率和滑动曲线。

④ 带与主动轮间的滑动方向和带与从动轮间的滑动方向有何区别？为什么会出现这样的现象？

第 3 章　机械性能测试与分析实验

3.1　回转件的平衡实验

3.1.1　实验目的

① 了解回转件不平衡的危害,巩固和验证回转件动平衡理论与方法。

② 掌握用动平衡机进行回转件动平衡的原理和方法。

③ 巩固回转件动平衡的理论知识。

3.1.2　实验原理

由于转子结构不对称、材质不均匀或制造和安装不准确等原因,有可能会造成转子的质心偏离回转轴线,当其转动时,会产生离心惯性力。惯性力将在构件运动副中引起附加动压力,使机械效率、工作精度和可靠性下降,加速零件的损坏。当惯性力的大小和方向呈周期性变化时,机械将产生振动和噪声。因此,在高速、重载、精密机械中,为了消除或减少惯性力的不良影响,必须对转子进行平衡。

转子平衡问题可分为静平衡和动平衡两类。

若轴向尺寸 b 与径向尺寸 D 的比值 $b/D<0.2$,即轴向尺寸相对很小的回转构件(如砂轮、叶轮、飞轮等),常常可以认为不平衡质量近似地分布在同一回转平面内。因此,只要在这个回转平面内加上或减去一定的质量,便可使转子达到静平衡。

当转子的 $b/D\geqslant0.2$(如电动机转子、机床主轴等),或工作转速超过 $1000\ \mathrm{r/min}$ 时,应考虑进行动平衡实验,这时可以认为转子的不平衡质量分布在垂直于轴线的互相平行的若干个回转平面内,当转子转动时,不平衡质量引起的离心力构成一空间力系。将这些平面上的离心力分解到任选的两个平衡基准面上后,便可以在这两个平衡基准面上求出其不平衡的质径积大小和相位。平衡时,只要在这两个平衡基准面上分别加上或减去一定的质量,便可使转子达到所要求的动平衡。

3.1.3　实验内容

① 巩固和验证刚性回转体动平衡理论与方法。

② 掌握用单支点动平衡机进行刚性回转体动平衡的原理和方法。

③ 观察分析转子不平衡工作和未达到平衡要求的机器的运转情况。

3.1.4 实验设备和工具

① 动平衡实验台。

② 刚性转子试件。

③ 平衡配重块。

④ 扳手、螺丝刀。

⑤ 百分表。

3.1.5 平衡机结构、工作原理及操作方法

按照平衡转速的角频率 ω 与支承架-转子系统的共振角频率 ω_0 的关系,平衡机通常分为软支承和硬支承两类。

软支承平衡机:平衡转速高于参振系统共振频率的平衡机,一般取 $\omega > 2\omega_0$。

硬支承平衡机:平衡转速远低于参振系统共振频率的平衡机,一般取 $\omega < 0.3\omega_0$。

3.1.5.1 DS-30 型闪光式动平衡机

DS-30 型闪光式动平衡机为软支承动平衡机,即转子的平衡转速(角速度)一般是转子及其支承系统固有频率的 2 倍以上。

(1) 结构和工作原理

此种动平衡机主要由机座、转子支架、驱动系统和测量系统 4 部分组成,其工作原理和结构外形分别如图 3-1 和图 3-2 所示。

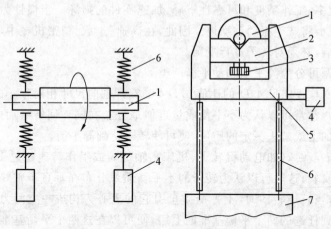

1—实验转子;2—轴承架;3—调整螺钉;4—传感器;5—支架;6—弹簧;7—底座

图 3-1 动平衡工作原理

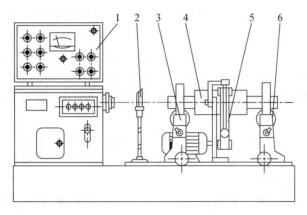

1—电测箱;2—闪光灯;3—转子支架;4—转子;5—带传动架;6—传感器

图 3-2　DS - 30 型闪光式动平衡试验机结构外形

动平衡试验机是用来检测和校正刚性转子不平衡量的大小和相位的设备。实验时,将试验用转子安放在左、右两个转子支架的 V 形槽内,转子支架支承在弹簧支柱上。另外,两支架下都装有磁电式惯性传感器。当电动机通过传动带驱使试验转子回转时,转子的不平衡质量产生的离心惯性力迫使转子支架在弹簧支柱上做水平方向的振动,此时,磁电式惯性传感器的线圈和磁铁做往复运动,产生正弦交变感应电势,从而把支架的振动转变为电信号,经过测量系统中电气线路放大和处理后,分两路输出:一路输出至电表,电表上显示的是转子不平衡量的大小;另一路输出至闪光灯,闪光灯闪光频率与转子支架的振动频率相等。转子每转一圈,闪光灯闪亮一次。闪光的时刻被设计成与转子支架振幅最大的时刻对应。闪光灯安装在转子旁,与转子在同一水平面上,闪光灯每次闪光时均照在转子的同一位置处。如果在转子圆周上标有等分的刻度,并标上序号,闪光灯所照射的数字可表示出不平衡质量的相位。因此,相应地在闪光灯照射处加上或去除不平衡质量以使转子获得平衡。

(2) 实验步骤

DS - 30 型闪光式动平衡机测量系统面板如图 3-3 所示,其上各旋钮的作用如下所述。

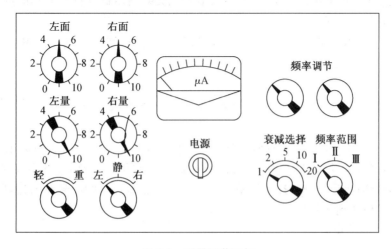

图 3-3　测量调节面板

① "频率范围"旋钮。当测算出试件的转速后,应将旋钮旋至相应的挡位。挡位和对应的转速如下:Ⅰ挡为 960~1920 r/min;Ⅱ挡为 1920~2820 r/min;Ⅲ挡为 3180~4200 r/min。

② "轻、重"旋钮。旋钮指到"轻"时,闪光灯所照见的为不平衡质径积的相反方向(通常称为"轻"边);旋到"重"时,所见的为不平衡质径积的方向(通常称为"重"边)。

③ "左、静、右"旋钮。旋到"左"时,测量转子左平衡校正面;旋到"右"时,测量右平衡校正面。

④ "频率调节"旋钮。该旋钮用以选出与试件转速同步的电信号。调节此旋钮,使电表读数为最大值时即表示同步。此时,闪光灯看到的数字便可表明不平衡质径积的相位,而电表读数则是不平衡质径积的大小。

⑤ "衰减选择"旋钮。该旋钮用以适当衰减电信号,使电表指针在刻度范围内。

⑥ "左面""右面""左量""右量"旋钮。该四旋钮专供成批试件平衡用,本实验仅做单件平衡,故不予详述(可参阅动平衡机说明书)。

具体操作步骤如下所述:

① 开启电源开关,接通电测箱电源,预热 20 min。

② 将需平衡的试件放在转子支架上,用传动带将试件与电动机相连。按下传动带拉杆手柄,垂直拉紧传动带。

③ 将"衰减选择"旋钮先置于最大挡。

④ 将"频率范围"旋钮置于与工件转速相应的挡位(根据电动机转速、电动机带轮直径、试件直径,测算出转子的转速)。DS-30 型动平衡机中,Ⅰ挡对应 960~1920 r/min,Ⅱ档对应 1920~2820 r/min,Ⅲ挡为 3180~4200 r/min(同理,其他型号动平衡机要选择适当转速范围)。

⑤ 将"衰减选择"旋钮调整到相应挡位,以电表读数不超过满刻度为准。

⑥ 启动电动机,使试件转动。

⑦ 调节"频率调节"旋钮,使电表读数达到最大值。

⑧ 将"轻、重"旋钮指向"轻"。

⑨ 将闪光灯置于转子旁边且与转子轴线在同一水平面上,开启"闪光灯"旋钮,调节其亮度,使试件端面的编号清晰可见。

⑩ 将"左、静、右"旋钮指向"右",此时电表和闪光灯指示试件右端不平衡量的大小和位置,将数值分别加以记录。

⑪ "左、静、右"旋钮指向"左",此时电表和闪光灯指示转子左端不平衡量的大小和位置,将数值分别加以记录。

⑫ 停机。

⑬ 在试件左、右端平衡平面的"轻"边加上适当的平衡质量(平衡质量与电表读数呈线性关系)。

⑭ 重新启动平衡机,按以上步骤再做左、右平衡面的平衡。若平衡面的电表读数相应减小,而闪光管照出的序数基本不变,则说明所加平衡质量还不够,如此重复数次,直至电表读数在不衰减时小于 10 格(按平衡精度要求而定),且试件上的序号在闪光灯照射下已看不清楚时,试件便达到平衡要求。

⑮ 停机,实验结束。

3.1.5.2　DPH-1教学型硬支承动平衡机结构和工作原理

DPH-1教学型硬支承动平衡机外形如图3-4所示,测试系统由计算机、数据采集器、高灵敏度有源压电力传感器和光电相位传感器等组成。当被测转子在部件上被拖动旋转后,由于转子的中心惯性,主轴与其旋转轴线存在偏移而产生不平衡离心力,迫使支承做强迫震动,安装在左、右两个硬支承机架上的两个有源压电力传感器感受此力而发生机电换能,产生两路包含有不平衡信息的电信号输出到数据采集装置的两个信号输入端;与此同时,安装在转子上方的光电相位传感器产生与转子旋转同频同相的参考信号,通过数据采集器输入到计算机。

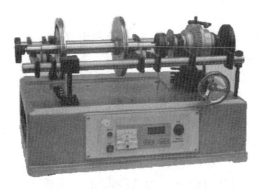

图 3-4　动平衡机外形

计算机通过采集器采集此三路信号,由虚拟仪器进行前置处理、跟踪滤波、幅度调整、相关处理、FFT变换、校正面之间的分离解算、最小二乘加权处理等,最终算出左、右两面的不平衡量(g)、校正角(°),以及实际转速(r/min)。

3.1.6　填写实验报告

(1)已知数据。

动平衡试验机型号:_____;试验机转速:_____。

两平衡平面间距离 $l=$ _____;偏心质量 $m_c=$ _____;偏心质量向径 $r_c=$ _____;偏心质量在两校正平面向径 $r_0'=$ _____;$r_0''=$ _____。

(2)测量和计算数据(填表 3-1)。

表 3-1　测量和计算数据

平面	l_c/mm	m_c/g	r_0'/mm	$\varphi/(°)$	m_0'/g
T'					
T''					

表中:l_c——偏心质量到两校正平面的距离;

　　　m_c——偏心质量;

　　　r_c——偏心质量向径;

　　　r_0'——偏心质量在校正平面向径;

　　　m_0'——偏心质量在校正平面质量;

　　　φ——偏心质量相位。

（3）思考并讨论。

① 哪些类型的试件需要进行动平衡？试件经动平衡后是否需要进行静平衡？为什么？

② 为什么在试验时要使一个平衡校正面通过框架的振摆轴线 OX？

③ 为什么要使动平衡机框架构成的振动系统在共振状态时测量试件的不平衡量？

3.2 齿轮传动效率测定实验

3.2.1 实验目的

① 了解封闭式加载齿轮试验台的组成原理及使用方法。

② 测定齿轮传动效率，掌握效率测试方法。

③ 观察齿轮失效样品，分析失效原因。

3.2.2 实验原理

3.2.2.1 封闭加载原理

封闭式加载齿轮试验台如图 3-5 所示，它由两台中心距和传动比完全相同的圆柱齿轮减速箱组成。通常，1,2 为陪试齿轮；3,4 为试验齿轮；大齿轮 2,3 相对应，用传动轴 5 相连；小齿轮 1,4 相对应，用弹性轴 6 和加载器 7 相连，从而构成一个封闭的机械系统。该系统的运转是用电动机 9 经转矩传感器 8 来驱动的。

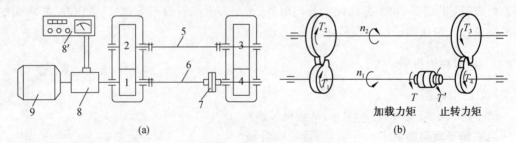

图 3-5　封闭式加载齿轮试验台

加载器是给封闭系统加载的装置。其结构形式有多种，如杠杆加载联轴器、螺旋槽套筒加载器、电磁（或液压）斜齿轮加载器、行星齿轮加载器、谐波齿轮加载器等，其中杠杆加载联轴器是最简单，也是最常用的加载装置。

加载联轴器分左、右两半（如图 3-6 所示），右半可用止动扳手加以止转，左半可用加载杠杆放上砝码施加转矩，加载力矩的计算公式为

$$T = GL + G'L' \tag{3-1}$$

式中：G——砝码重力（N）；

$\quad L$——加载杠杆力臂（mm）；

$\quad G'$——加载杠杆重力（N）；

$\quad L'$——杠杆重心到齿轮轴线的距离（mm）。

于是，所加的转矩 T 便在齿轮 1 和 2,3 和 4 的啮合齿面间施加上了载荷。同时，加载力矩 T 也使弹性轴产生扭转变形，使两半联轴器有一定的相对转角。用螺栓将两半联轴器

固紧,弹性变形便被保持下来。这时去掉两个扳手,齿面间的载荷亦被保持下来,于是载荷便被封闭在该传动系统中。电动机 9 的输出功率仅仅是用来克服封闭系统中的摩擦损失。像这样的加载方式,称为封闭式加载。该实验装置的优点是节省动力,缺点是难以将一对齿轮的传动效率测准并需两台齿轮箱。

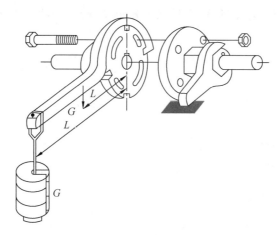

图 3-6　加载联轴器

图 3-7 所示为螺旋槽套筒加载器。左套筒在前后两侧对称开出螺旋角为 β 的两个螺旋槽,装于左面轴端的十字头插于螺旋槽中。右套筒在前后两侧对称开出与轴线平行的直槽,装于右面轴端的十字头插于直槽中。右套筒的右端还装有带向心推力轴承的罩壳。当以轴向力 F 推动它向右移动时,左面轴因十字头在螺旋槽中有相对转动发生扭转变形而加上扭转力矩,其值为

$$T=\frac{Fr}{\tan\beta}=\frac{2Gr}{\tan\beta} \tag{3-2}$$

式中:F——轴向推力(N),$F=2G$;

　　G——砝码重力(N);

　　r——十字头平均半径(mm);

　　β——螺旋槽的螺旋角。

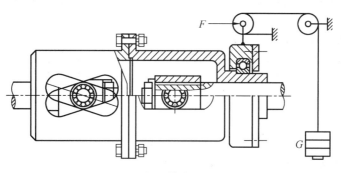

图 3-7　螺旋槽套筒加载器

3.2.2.2　传动效率的测定

在封闭加载齿轮试验台中,测定齿轮传动效率时,首先应判明 2 个减速器中 4 个齿轮的主、从动关系,以及转矩(或转矩×转速=功率)的传递方向。

参见图 3-5b,若电动机驱动轮 1 的转向 n_1 与加载力矩 T 的方向一致,则轮 1,3 为主动轮,轮 2,4 为从动轮。转矩(或功率)的传递方向为:1→2→3→4,即齿轮 1 的功率相当于输入功率

$$P_1 = T_1 n_1 \tag{3-3}$$

齿轮 4 的功率相当于输出功率,并因输出转矩 T_4 等于加载力矩 T,故有

$$P_4 = T_4 n_1 = T n_1 \tag{3-4}$$

电动机的输出功率为克服封闭系统中的摩擦损失功率,即

$$P_f = T_{电} n_1 = P_1 - P_4 = (T_1 - T) n_1 \tag{3-5}$$

于是

$$T_1 = T + T_{电} \tag{3-6}$$

对于 3,4 轮的传动效率为

$$\eta_{34} = \frac{P_4}{P_3} = \frac{T_4 n_1}{T_3 n_2} \tag{3-7}$$

对于 1,2 轮的传动效率为

$$\eta_{12} = \frac{P_2}{P_1} = \frac{T_2 n_2}{T_1 n_1} \tag{3-8}$$

将式(3-7)和式(3-8)相乘,并且 $T_2 = T_3$,得封闭系统的总传动效率

$$\eta_{12} \eta_{34} = \frac{T_4}{T_1} = \frac{T}{T + T_{电}} \tag{3-9}$$

封闭式实验装置很难将 η_{12} 和 η_{34} 分开,所以通常认为二者效率近似相等,即取平均效率 $\eta = \eta_{12} \approx \eta_{34}$,则得一个减速器的传动效率近似为

$$\eta = \sqrt{\eta_{12} \eta_{34}} = \sqrt{\frac{T}{T + T_{电}}} \tag{3-10}$$

当电动机转向 n_1 与加载力矩 T 的方向相反时,T_4 为输入转矩,T_1 为输出转矩,且 $T_1 = T$,这时电动机的输出转矩为 $T'_{电}$,则可推得平均效率

$$\eta' = \sqrt{\eta_{43} \eta_{21}} = \sqrt{\frac{T}{T + T'_{电}}} \tag{3-11}$$

平均效率 η 或 η' 为一个齿轮箱的传动效率,它包括

$$\eta = \eta_1 \eta_2^2 \eta_3 \tag{3-12}$$

式中:η_1——一对齿轮的啮合效率;

η_2——一对轴承的效率,对于滚动轴承 $\eta_2 = 0.99$;

η_3——搅油损失的效率,一般 $\eta_3 = 0.98 \sim 0.99$。

于是齿轮啮合效率为

$$\eta_1 = \frac{\eta}{\eta_2^2 \eta_3} \tag{3-13}$$

3.2.2.3 电动机输出转矩 $T_{电}$ (或 $T'_{电}$)的测试

(1)转矩测量仪

这里介绍一种电阻应变式转矩传感器,其信号输出采用非接触耦合变压器形式,其结构原理如图 3-8a 所示。其中,W_1 和 W_2 为装在扭转轴上的两个动线圈,W_3 和 W_4 为装在客体上的两个定线圈。W_1 和 W_3 组成供给电桥电压的输入变压器,W_2 和 W_4 组成应变信号输出变压器。4 片电阻应变片 R_1，R_2，R_3，R_4 与轴线成 45°方向粘贴在扭转轴上，并组成全电桥（如图 3-8b 所示）。

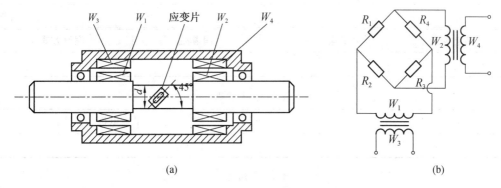

(a)   (b)

图 3-8 电阻应变片转矩传感器

（2）平衡电机

如图 3-9 所示，平衡电机是将电机的外壳（定子）用两个支座支承起来，使电机可以绕轴线摆动。当电机转子转动时，定子将受到一个与转子力矩 $T_电$ 大小相等且方向相反的电磁力矩 $T'_电$ 的作用而转动，但在定子外壳上装有杠杆，当将杠杆压在测力计上时，定子便可达到力矩平衡而止动。由此可测得电动机的输出转矩为

$$T_电 = T'_电 = QL \tag{3-14}$$

式中：Q——测力计读数（N）；

L——杠杆力臂长度（mm）。

测力计种类很多，如弹簧秤、测力环以及各种电测传感器等。

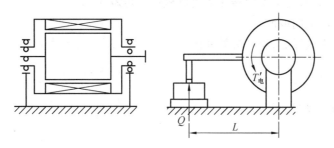

图 3-9 平衡电机

3.2.2.4 齿轮综合疲劳试验

该实验台除能测试传动效率外，还可进行轮齿的弯曲、点蚀、磨损、胶合及塑性变形等综合疲劳试验，亦可进行噪声测定和齿轮润滑油性能试验。由于疲劳试验需时很长，所以本实验仅进行齿轮失效样品的观察和分析。

3.2.3 实验方法及步骤

① 对照实验指导书，熟悉实验台结构组成及工作原理，记录实验台参数并填于表3-2，3-3,3-4 中。

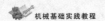

表 3-2　齿轮减速器

中心距 a	模数 m	齿数 z	齿宽 B	螺旋角 β

精度等级	齿轮材料	润滑油	润滑方式

表 3-3　电动机

型号	功率	转速	平衡电机杠杆臂长

表 3-4　加载器

加载联轴器		螺旋槽套筒加载器	
杠杆臂长 L	杠杆重心到轴线距离 $L_{杠}$	十字头平均半径 r	螺旋槽的螺旋角 β

② 检查实验台各部分和测试仪器是否正常可靠;检查减速箱中润滑油牌号和装油量。

③ 将加载器调整在卸装状态;将测试仪器校正调零,使平衡电机杠杆脱开测力计。

④ 启动电动机,使实验台运转 10～20 min。

⑤ 保持转速相同,测试不同加载力矩下的电动机输出转矩 $T_{电}$。

⑥ 保持载荷相同,测试不同转速下的电机输出转矩 $T_{电}$。

⑦ 停车、卸载、关闭电源。

⑧ 观察齿轮失效样品,绘出失效样图。

3.2.4　填写实验报告

(1) 写出实验原理与实验方法。

(2) 原始数据。

试验台主要参数:

① 中心距 $a=$ _____ mm。

② 齿数 $z_1=$ _____ , $z_2=$ _____ 。

③ 传动比 $i=$ _____ 。

④ 游砝重 $W=$ _____ 。

⑤ 平衡电机秤杆力臂 $L_1=L_2=L=$ _____ 。

⑥ 润滑方式 _____ 。

⑦ 环境温度 $t=$ _____ ℃。

（3）实验结果。

① 数据计算。

由

$$M_1 = L_1 \times W_1 + 0.156a_1 \tag{3-15}$$

$$M_2 = L_2 \times W_2 + 0.156a_2 \tag{3-16}$$

$$\eta = \frac{M_2 \cdot n_2}{M_1 \cdot n_1} = \frac{M_2}{M_1} \times i \tag{3-17}$$

$$F = \frac{19.6M_2}{D_2} (D_2 \ 单位转化为 \ cm) \tag{3-18}$$

可计算出表 3-5 中各数据。

表 3-5　数据计算结果

项目测点	测定数据						计算数据			
	a_1/cm	W_1/kg	a_2/cm	W_2/kg	$n_1/$ $(\text{r} \cdot \text{min}^{-1})$	$n_2/$ $(\text{r} \cdot \text{min}^{-1})$	$M_1/$ $(\text{kg} \cdot \text{cm})$	$M_2/$ $(\text{kg} \cdot \text{cm})$	$\eta/\%$	F/N
空载										
1										
…										

② 绘制效率曲线（如图 3-10 所示）。

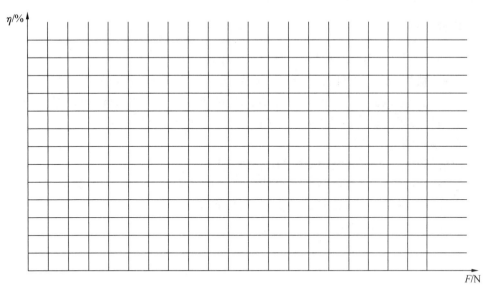

图 3-10　效率曲线

（4）思考并讨论。

① 载荷较小或载荷过大时,机械的传动效率为什么低?

② 输出转矩为 0 时的损失意味着什么?

③ 试分析影响传动效率的因素和提高效率的措施。

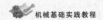

3.3　机构运动参数测定与分析实验

3.3.1　实验目的

① 以机构及系统设计为主线,以机构系统运动方案设计为重点,培养学生掌握机构运动参数测试的原理和方法;掌握利用运动学、动力学测试结果,重新调整、设计机构的原理和方法,从而培养学生设计、创新的能力。

② 通过本系统的实验,使学生深入了解机构参数及几何参数对机构运动及动力性能的影响,从而对机构运动学和动力学(机构平衡、机构理想运动规律、机构真实运动规律)有一个完整的认识。

③ 实现计算机多媒体交互式教学方式,使学生在计算机多媒体软件的指导下,独立自主的进行实验内容的选择,实验台操作及模拟仿真,培养学生的综合分析及独立解决工程实际问题的能力,了解现代实验设计、现代测试手段。

3.3.2　实验设备和工具

① 曲柄摇杆机构、曲柄滑块机构实验台。
② 工具箱一套。
③ 三角板、圆规和草稿纸等文具(学生自备)。

3.3.3　实验台机械结构

3.3.3.1　曲柄(导杆)摇杆运动分析综合实验台

其机构由曲柄、导杆、连杆、摇杆机构组成,其中曲柄、连杆、摇杆长度可有级调节。可拼装曲柄(导杆)摇杆机构,其底板在水平方向与机架构成一弹性系统,通过对水平方向振动变化的测试,可了解机构惯性力对机架振动的影响,如图 3-11 所示。

构件长度可调范围如下:
① 曲柄:20~40 mm(有级调节),如图 3-11a 所示。
② 导杆:0~160 mm(有级调节),如图 3-11b 所示。
③ 摇杆:0~180 mm(有级调节),如图 3-11c 所示。
④ 连杆:0~240 mm(有级调节),如图 3-11d 所示。

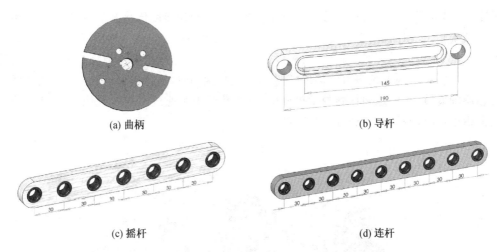

(a) 曲柄　　　　　　　　　　　(b) 导杆

(c) 摇杆　　　　　　　　　　　(d) 连杆

图 3-11　曲柄(导杆)摇杆运动分析综合实验台构件

3.3.3.2　曲柄(导杆)滑块运动分析综合实验台

其机构由曲柄、导杆、连杆、滑块组成,其中曲柄、连杆、导杆长度可有级调节,可拼装曲柄滑块、曲柄(导杆)滑块机构,如图 3-12 所示。其联接结构与曲柄(导杆)摇杆机构相同,底板与机架的支承方式也相同。

构件长度调节范围如下:

① 曲柄:20 mm、23 mm、28 mm、33 mm,如图 3-12a 所示。

② 导杆:0～160 mm(有级调节),如图 3-12b 所示。

③ 连杆:0～60 mm(有级调节),如图 3-12c 所示。

④ 偏心距:0～24 mm(有级调节),如图 3-12d 所示。

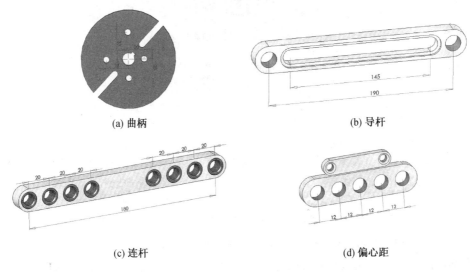

(a) 曲柄　　　　　　　　　　　(b) 导杆

(c) 连杆　　　　　　　　　　　(d) 偏心距

图 3-12　曲柄(导杆)滑块运动分析综合实验台构件

3.3.3.3　曲柄(导杆)摇杆机构设计及运动分析实验台总体机构

曲柄(导杆)摇杆机构运动分析综合实验台(如图 3-13 所示)主要由安装底板 1 支承于压簧 20 上,4 个压簧与机柜连接,其上装有摇杆组 6、平衡构件 21、曲柄 19、皮带轮 23 和 24、

轴承座 25、光电测速器 22、角位移传感器 17、驱动源 3 和加速度传感器 15 等构件。导杆 13 通过曲柄销轴 12 与曲柄 19 连接,一端套与连杆采用销轴连接组成回转副,另一端与轴承座上的固定销 14 组成另一回转副。连杆 9 的另一端通过摇杆连接销 4 与摇杆 6 连接。摇杆连接销 4 上同时连接着光栅角位移传感器 17。摇杆摆动时,摇杆销做同样摆动并带动角位移传感器轴旋转,从而达到精确测量摇杆摆角;安装底板 1 通过阻尼装置压簧 20 与机柜内的底座相连,在机构运动中获得一横向振动。

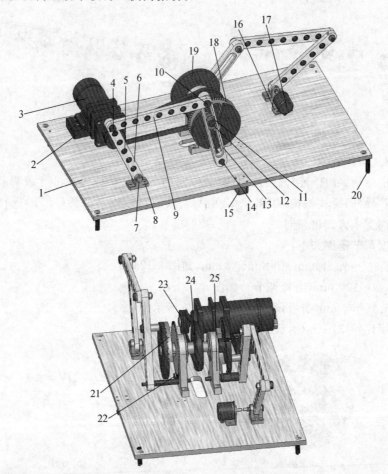

1—安装底板;2—电机底板;3—直流减速电机;4—摇杆连接销;5—铜套;6—摇杆;7—摇杆销;
8—摇杆支座;9—连杆;10—导杆连接销;11—铜滑块;12—曲柄销轴;13—导杆;14—导杆固定销轴;
15—加速度传感器;16—传感器支架;17—角位移传感器;18—光电盘;19—曲柄;20—压簧;21—平衡块;
22—光电测速器;23—电机带轮;24—大带轮;25—轴承座

图 3-13 曲柄(导杆)摇杆机构设计及运动分析实验台总体机构

3.3.3.4 曲柄(导杆)滑块机构设计及运动分析实验台

曲柄(导杆)滑块机构运动分析综合实验台(如图 3-14 所示)主要由安装底板 1 支承于压簧 22 上,压簧为振动源,直流减速电机 25 运行过程中滑块来回运动产生一横向振动,4 个压簧与机柜相连。底板上装有滑块支撑板 2、连杆 9、导杆 13、平衡块 14、光栅角位移传感器 6、曲柄 17、加速度传感器 24、光电测速器 21 等构件。驱动源直流减速电机 25 装于底座下部。导杆 13 通过导杆连接销 12 与主传动构件 17 曲柄连接,同时一端套在主传动构件

18 的支座上导杆销内,另一端则通过导杆销 12 与连杆 9 相连。连杆 9 的另一端通过滑块组件 11 与滑块支撑板 2 上的滑块连接。滑块组件 11 上同时连接着光栅角位移传感器 6,滑块在往复运动过程中带动同步带轮 4 来回运动,从而将直线运动转换成旋转运动。

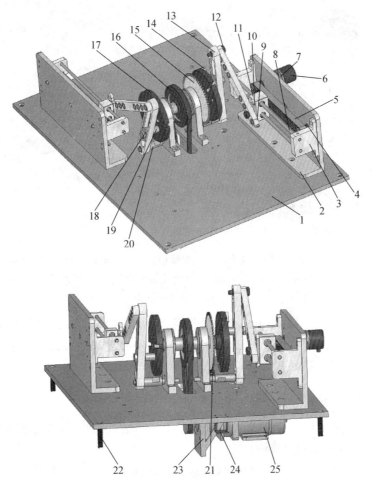

1—安装底板;2—滑块支撑板;3—导轨支座;4—同步带轮;5—同步带;6—光栅角位移传感器;
7—光栅支架;8—直线导轨;9—连杆;10—偏心调节杆;11—滑块;12—导杆连接销;13—导杆;
14—平衡块(配重);15—光电盘;16—皮带轮;17—曲柄;18—滑块;19—曲柄连接销;20—导杆固定销;
21—光电测速器;22—压簧;23—电机支架;24—加速度传感器;25—直流减速电机

图 3-14　曲柄(导杆)滑块机构设计及运动分析实验台总体结构

　　滑块组件(如图 3-15 所示)由底板和立板作为主要支撑件。底板上的长腰形槽用来调节滑块行程,与安装底板连接。立板是滑块运动和测量的支撑件,两个轴承以紧配合固定在立板上。同步带轮与小销轴同样与轴承配合连接,滑块背面安装有一对皮带拖板,当滑块做往复运动时,拖板带动同步带做直线往返运动,带动带轮做旋转运动。立板后面安装位移测量装置,由角位移和传感器支架组成。

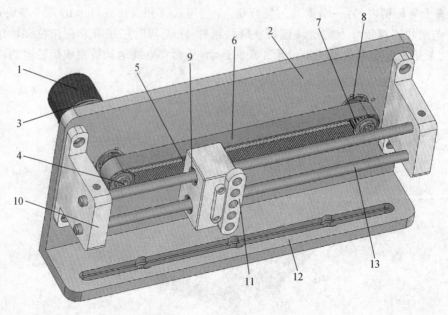

1—角位移传感器;2—立板;3—传感器支架;4—带轮销轴;5—皮带拖板;6—同步带;7—同步带轮;
8—轴承;9—直线轴承;10—导轨支座;11—可调偏心杆;12—底板;13—直线导轨

图 3-15 滑块组件图

整个滑块组件形成一模块,在安装底板上可以同侧和成对角线安装,用来测量滑块的同步运动和异步运动。滑块正面的可调偏心杆作为偏心滑块和对心滑块机构调节用。导轨支座上的螺纹孔用来紧定导轨。

3.3.4 实验台检测原理及软件操作

本实验台采用单片机与 A/D 转换集成相结合进行数据采集,处理分析及实现与 PC 机的通信,达到实时显示运动曲线的目的。

数据通过传感器与数据采集分析箱将机构的运动数据通过计算机串口送到 PC 机内进行处理,形成运动构件运动的实测曲线,为机构设计提供手段和检测方法。实验台检测原理框图如图 3-16 所示。

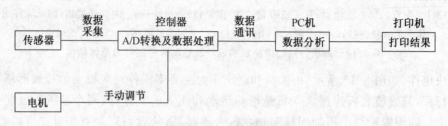

图 3-16 实验台检测原理框图

操作面板(如图 3-17 所示)正中位置框图为数据显示窗口,在此机构中均指主动件转速;右边为调速旋钮,在打开电源之前须将旋钮旋到最小位置;最右边为电源开关。

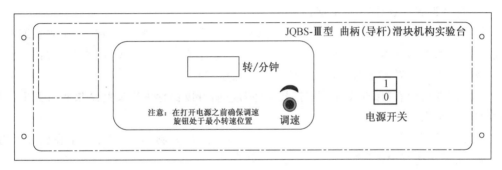

图 3-17　实验台操作面板

3.3.5　实验室源程序软件操作说明

启动应用程序,进入欢迎界面。点击【欢迎使用】开始进入。上有"总体介绍""实验台类型""机构类型""窗口""帮助"5个菜单。

(1)"总体介绍"菜单

"总体介绍"菜单会调出说明窗体,可以对整个实验有个初步的了解。点击说明窗体上的【返回】,又重新回到上级窗体。

(2)"实验台类型"菜单

"实验台类型"菜单会显示3个下拉菜单,即"基本平面机构及运动分析实验台""平面机构组合及运动检测创新实验台""特殊机构设计及运动检测实验台。"第2,3菜单的内容正在建设,请点击【确定】进行忽略。第1菜单还有"曲柄(导杆)摇杆运动分析实验台""曲柄(导杆)滑块运动分析实验台"和"凸轮机构运动分析实验台",分别点击它们的子菜单,会进入相应的窗体,窗体上有"实验台机构说明""实验台操作说明""实验录像"和"返回"按钮。点击【返回】,回到上级窗体,点其他按钮则可以看说明或者录像。

(3)"机构类型"菜单

"机构类型"菜单包括"平面机构""凸轮机构""间隙机构"和"特殊传动机构。"

① 平面机构包括"四杆机构""曲柄滑块机构""曲柄(导杆)滑块机构""曲柄(导杆)摇杆机构"和"Ⅱ级杆组组合机构。"

选择"四杆机构"会弹出一个对话框,点击【确定】进入运动演示窗体。四杆机构又有"曲摇机构""双曲机构"和"双摇机构",选择其中一种机构,设定转速,再点【确定】,便可以点击【运动演示】来观看机构的运动。运动可以"暂停"和"继续。"

a. 此时可以点击"实验内容"的子菜单"机构设计"进入设计窗体,输入想要的合法参数,点击【确定】,就可以观看机构的运动。需要注意的是:如果该窗体的机构是运动的,那么在切换到其他窗体以前,必须停止该机构的运动。窗体上有"连杆运动"按钮,如果点击,则进入连杆运动窗体,输入10个运动点的参数,还必须选中前面的复选框,点【确定】就可以模拟出连杆的运动轨迹。

b. 点击"实验内容"的子菜单"运动与仿真"下的一个子菜单,进入实测和仿真窗体。

因为实测与仿真的内容多并且复杂,须仔细阅读如下操作:

当前速度有"增速""减速"和"停止"按钮,可让电机增速、减速和停止。在开动电机的前提下,点击操作中【采集】进行实测,点【仿真】进行仿真。

"文件""设置""操作"3个选项：

如果在实测过程中看不到实测曲线，可以在"设置"中调整实测坐标，放大或者缩小实测量（位移、速度和加速度）。同样，如果看不到仿真曲线，可以在"设置"中调整仿真坐标，并在操作中放大或者缩小仿真量（位移、速度和加速度）。

"文件"选项中有"保存文件"和"打开文件"，它们可以保存本次实验结果和打开上次所保留的实验结果。

点击【打印】，进入打印窗体，执行"先预览，后打印"的原则，如果打印量不在坐标区内，先返回"实测和仿真窗体"进行调整，然后再打印。

② 如果选择的是其他机构类型，操作大同小异。

③ 在任何一个窗体中点击"帮助"菜单，可以获得帮助。

3.3.6　实验内容

① 设计并安装机构（或检测）。

② 对比运动构件的运动（实测曲线和仿真曲线）。

③ 进行实现预定运动的机构设计。

④ 机构动平衡操作。

3.3.7　实验方法及步骤

① 选择机构。

② 将机构检测及控制连线与控制箱及 PC 相连。

③ 打开电源，进入相关机构的设计及检测软件界面。

④ 确定机构类型及尺寸，并安装。

⑤ 在安装可靠的情况下，调节调整控件，使机构平稳转动，检测构件实测曲线即得到相应仿真曲线。

⑥ 进入"振动检测"界面，在未加和加装平衡机构及平衡块的条件下，观察机架机构振动曲线的幅值变化。

⑦ 在进行机构设计中，利用连杆运动平面轨迹虚拟，可设计出实现预定要求的机构。

⑧ 实验完毕，打印结果。

⑨ 关闭电源及计算机。

3.3.8　填写实验报告

（1）写出实验目的。

（2）填写所选参数于表 3-6 中。

表 3-6　实验所选参数

机构名称	电机转速	曲柄长	连杆长	摇杆长
曲柄摇杆机构				
曲柄滑块机构				

66

（3）绘制机构运动简图。

① 曲柄摇杆机构。

② 曲柄滑块机构。

（4）位移、速度、加速度运动参数测量与分析。

① 曲柄摇杆机构。

② 曲柄滑块机构。

（5）思考并讨论。

① 对于曲柄滑块机构的滑块实际线位移测量曲线，请指出实验台的参考坐标原点，并分析影响测量的因素有哪些？

② 对于曲柄摇杆机构的摇杆实际角位移测量曲线，请指出实验台的参考坐标原点，并分析影响测量结果的因素有哪些？

3.4 液体动压轴承实验

3.4.1 实验预习

① 简述动压油膜的形成过程。

② 简述径向滑动轴承形成液体动压润滑的条件。

③ 简述影响动压油膜的压力分布特点。

④ 简述影响动压滑动轴承的油膜压力大小的因素。

3.4.2 实验目的

① 了解实验台的构造和工作原理，通过实验了解动压润滑的形成，加深对动压润滑原理的认识。

② 学习动压轴承油膜压力分布测定方法，观察液体动压滑动轴承的油膜压力分布规律。

③ 掌握动压轴承摩擦特性曲线的测定方法，绘制 $f-\lambda$ 曲线，了解影响液体动压滑动轴承油膜建立及油膜压力大小的主要因素。

3.4.3 实验内容

① 液体动压滑动轴承油膜压力周向分布的测试分析。该实验装置采用压力传感器、A/D 板采集该轴承周向位置上 7 个点的油膜压力，显示在实验台操纵面板的数码管上，并输入计算机，通过曲线拟合作出该轴承油膜压力周向分布图。通过分析其分布规律，了解影响油膜压力分布的因素。

② 测量轴承轴向油膜压力，绘制出轴向油膜压力分布曲线。

③ 液体动压滑动轴承油膜压力周向分布的仿真分析。该实验装置配置的计算机软件通过数模转换作出液体动压轴承油膜压力周向分布的仿真曲线，与实测曲线进行比较分析。

④ 液体动压滑动轴承摩擦特征曲线的测定。该实验装置通过压力传感器、A/D 板采集和转换轴承的摩擦力矩、轴承的工作载荷，并输入计算机，得出摩擦系数的特征曲线，使

学生了解影响摩擦系数的因素。

3.4.4 实验用硬、软件

3.4.4.1 实验设备

本实验使用的 HS‐B 型液体动压轴承实验台如图 3-18 所示,它由传动装置、加载装置、摩擦力测量装置、油膜压力测量装置和被试验轴承等组成。

图 3-18 HS‐B 型液体动压滑动轴承实验台

（1）传动装置

直流电动机通过 V 带带动主轴顺时针旋转,由无级调速器实现无级调速。主轴的转速可从装在面板上的数码管直接读出。

（2）加载装置

本实验台采用螺旋加载,转动螺杆即可对轴瓦加载,载荷的大小通过传感器测出,并在面板的数码管上显示。

（3）摩擦力测量装置

主轴瓦上装有测力杆,通过摩擦力传感器测力装置测出摩擦力,并在面板上的数码管上显示。

（4）油膜压力测量装置

在轴承上半部中间,即轴承有效宽度 B/2 处的剖面上沿圆周 120°内(即沿着圆周表面从左到右 30°,50°,70°,90°,110°,130°,150°位置)钻有 7 个均匀分布的小孔,每个小孔连接一个压力传感器(测径向压力),在轴承轴向有效宽度 B/4 处也钻有一个小孔,并连接一只压力传感器(测轴向压力)。各点压力可在面板上的数码管上显示,从而可绘出轴承的周向和轴向压力分布曲线。

3.4.4.2 实验台的主要技术参数

① 实验轴瓦:内径 $d=70$ mm;长度 $B=125$ mm;材料 ZCuSn5Pb5Zn5。

② 加载范围:0～1000 N。

③ 摩擦力传感器:精度 1.01%;量程 0～5 kg。

④ 压力传感器:精度 1.0%;量程 0～0.6 MPa。

⑤ 测力杆上测力点与轴承中心距离 $L=120$ mm。

⑥ 测力计标定值:$K=0.098$ N/Δ。

⑦ 电动机功率:355 W。

⑧ 调速范围:3～500 r/min。

⑨ 实验台质量:52 kg。

3.4.4.3 操纵面板说明

操纵面板如图 3-19 所示。

① 数码管 1:油压传感器顺序号,8 号为轴向传感器序号。

② 数码管 3:用于指示径向、轴向油脂压力传感器采集的实时数据。

③ 数码管 4:用于指示主轴转速传感器采集的实时数据。

④ 数码管 5:用于指示摩擦力传感器采集的实时数据。

⑤ 数码管 6:用于指示外加载荷传感器采集的实时数据。

⑥ 油膜指示灯 7:用于指示轴瓦与轴向油膜状态(正常工作时,油膜指示灯灭,如无油膜,则灯亮)。

⑦ 调速按钮 8:用于调整主轴转速。

⑧ 电源开关 9:带自锁的电源按钮。

⑨ 触摸开关 2:按动此键可依次显示 1~8 号油压传感器顺序号和相应的压力传感器采集的实时数据。此键仅用于观察和手动记录各油压传感器采集的数据,软件所需数据将由控制系统自动发送、接收和处理。

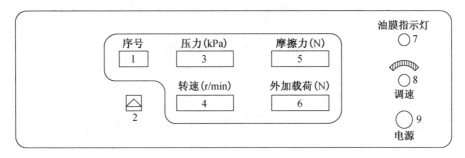

图 3-19　实验台操纵面板布置

3.4.4.4　软件界面操作说明

(1)滑动轴承实验教学界面(主界面)

启动计算机,进入滑动轴承实验教学主界面,如图 3-20 所示。

① 单击【实验指导】键,进入实验指导书。

② 单击【油膜压力分析】键,进入油膜压力及摩擦特性分析。

③ 单击【摩擦特性分析】键,进入连续摩擦特性分析。

④ 单击【实验参数设置】键,进入实验参数设置。

⑤ 单击【退出】键,结束程序的运行,返回 Windows 界面。

(2)滑动轴承油膜压力仿真与测试分析界面

滑动轴承油膜压力仿真与测试分析界面如图 3-21 所示。

图 3-20　实验教学主界面

① 当系统稳定时,单击【稳定测试】键,进行稳定测试。

② 单击【历史文档】键,进行历史文档再现。

③ 单击【打印】键,打印油膜压力的实测与仿真曲线。

④ 单击【手动测试】键,进入油膜压力手动分析实验界面。

⑤ 单击【返回】键,返回主界面。

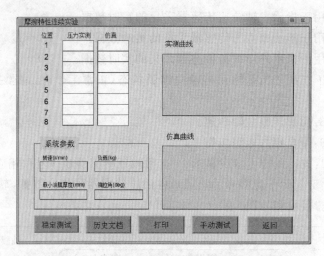

图 3-21　滑动轴承油膜压力仿真与测试分析

（3）摩擦特性仿真与测试分析界面

滑动轴承摩擦特性仿真与测试分析界面如图 3-22 所示。

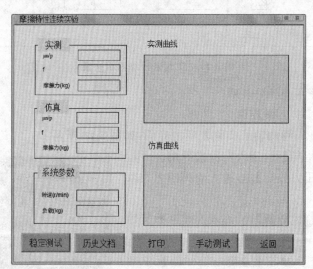

图 3-22　滑动轴承摩擦特性仿真与测试分析

① 单击【稳定测试】键，开始稳定测试。

② 单击【历史文档】键，进行历史文档再现。

③ 单击【手动测试】键，输入各参数值，即可进行摩擦特性的手动测试。

④ 单击【打印】键，打印摩擦特性连续实验的实测与仿真曲线。

⑤ 单击【返回】键，返回滑动轴承实验教学界面。

3.4.5　实验步骤及注意事项

① 开机前先旋松加载手柄，确保去掉载荷。

② 启动计算机，进入滑动轴承实验教学界面，单击【实验指导】键，然后单击【进入油膜压力分析】键，进入油膜压力分析。

③ 启动实验台的电动机。在做滑动轴承油膜压力仿真与测试实验时,均匀旋动调速按钮,待转速达到一定值后,测定滑动轴承各点的压力值;在做滑动轴承摩擦特征仿真与测试实验时,均匀旋动调速按钮,测定滑动轴承所受的摩擦力。

④ 在滑动轴承油膜压力仿真与测试分析界面上,单击【稳定测试】键,稳定采集滑动轴承各测试数据。测试完后.将给出实测仿真 8 个压力传感器位置点的压力值。实测仿真曲线自动绘出,同时弹出"另存为"对话框,提示保存。单击【打印】键,弹出"打印"对话框,选择后将滑动轴承油膜压力仿真曲线图和实测曲线图打印出来。

⑤ 在滑动轴承摩擦特征仿真与测试分析界面上,单击【稳定测试】键,稳定采集滑动轴承各测试数据。测试完后,绘制滑动轴承摩擦特征实测仿真曲线图。单击【打印】键,弹出"打印"对话框,选择后,将滑动轴承摩擦特性仿真曲线图和实测曲线打印出来。

⑥ 如没接计算机,可采用手工记录,在操纵面板上读出相关测试数据并记录,手工绘制有关曲线。

⑦ 实验结束,将调速旋钮调到速度为 0。

⑧ 注意事项如下:

a. 开机前先旋松加载手柄,确保去掉载荷。

b. 注意安全,实验过程中不能进入电源插座区域。

c. 开机前调速旋钮逆时针旋到底(回零),螺旋杆旋至与外加载荷传感器脱离接触。

d. 开机后,旋转调速旋钮使匀速升高,此时油膜指示灯应熄灭,稳定运行 3~4 min 后,即可按实验指导书的要求进行操作。

e. 外加载荷传感器所加负载不允许超过 1500 N,以免损坏传感器元件。

f. 机油牌号的选择可根据具体环境、温度,在 10♯～30♯ 内选择。

g. 为防止主轴瓦在无油膜运转时烧坏,在面板上装有无油膜报警指示灯,正常工作时指示灯是熄灭的,严禁在指示灯亮时使主轴高速运转。

h. 做摩擦特性曲线实验,应从较高转速(300 r/min)降速往下做,外载荷在 700~1200 N 内选一定值,并在整个过程中保持不变,直至实验结束。

3.4.6　填写实验报告

(1)写出实验原理与实验方法。

(2)绘制径向油膜压力分布曲线与承载曲线。

(3)测量绘制摩擦系数与摩擦特性曲线。

(4)思考并讨论。

① 转速改变时,油压分布曲线是否改变? 为什么?

② 为什么摩擦系数会随着转速改变?

③ 哪些因素会使摩擦系数的测定产生误差?

第 4 章　机械创新设计实验

机械创新设计是指充分发挥设计者的创造力,建立在现有机械设计学理论基础上,吸收科技哲学、认识科学、思维科学、设计方法学、发明学、创造学等相关学科的研究成果,设计出具有新颖性、创造性及实用性的机构或机械产品(装置)的一种实践活动。它包含两个部分:一是改进完善生产或生活中现有机械产品的技术性能、可靠性、经济性、适用性等;二是创造设计出新机器、新产品,以满足新的生产或生活的需要。它涉及机械设计理论与方法的创新、制造工艺的创新、材料及其处理的创新、机械结构的创新、机械产品及管理等许多领域的创新。

4.1　平面机构运动方案创新设计实验

机构运动方案创新设计是各类复杂机械设计中决定性的一步,机构的设计选型一般先通过作图和计算来进行,且一般比较复杂的机构都有多个方案,需要制作模型来试验和验证,并经多次改进后才能得到最佳的方案和参数。本实验以西南交通大学研制的"机械方案创意设计模拟实施实验仪"为设计手段,针对有工程背景和一定难度的设计题目,指导学生使用该实验仪的多功能零件,进行积木式组合调整,从而让学生自己构思创新、试凑选型机械设计方案,亲手按比例组装实物机构模型,亲手安装电机并连接电路,亲手安装气缸并组装气动系统;模拟真实工况,动态操纵、演示、观察机构的运动情况和传动性能;通过直观调整机械方案、构件布局、连接方式及尺寸、更改动力和控制系统来验证和改进设计,使该模型机构能够灵活、可靠地按照设计要求运动到位,较好地改善了学生对平面机构的学习和设计一般只停留在理论设计上的状况。此实验对培养学生的创新设计能力有重要作用。

4.1.1　实验目的

① 使学生加深对机构组成原理的认识,进一步了解机构组成及其运动特性。

② 培养学生运用实验方法研究、分析机械的初步能力。

③ 培养学生运用实验方法自行构思创新、试凑选型机械运动方案,调整、优化机构参数,进而验证、确定机械运动方案和参数的能力。

④ 培养学生动脑创新设计,进而动手付诸工程实践的综合能力。

4.1.2　实验原理

4.1.2.1　杆组的概念

任何机构都是由机架、原动件和从动件系统通过运动副联接而成的。机构的自由度数应等于原动件数,因此封闭环机构从动件系统的自由度必等于零。而整个从动件系统又往往往可以分解为若干个不可再分的、自由度为零的构件组,称为组成机构的基本杆组,简称杆组。

根据杆组的定义,组成平面机构杆组的条件是

$$F=3n-2P_L-P_H=0$$

其中,机构件数 n,高副数 P_H 和低副数 P_L 都必须是整数。由此可以获得各种类型的杆组。

最简单的杆组为 $n=2,P_L=3$,称为 Ⅱ 级杆组。由于杆组中转动副和移动副的配置不同,Ⅱ 级杆组共有 5 种形式,如图 4-1 所示。

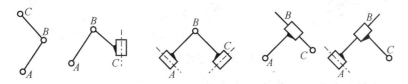

图 4-1　平面低副 Ⅱ 级杆组

Ⅲ 级杆组形式较多,其中 $n=4,P_L=6$,图 4-2 所示为机构创新模型已有的几种常见的 Ⅲ 级杆组。

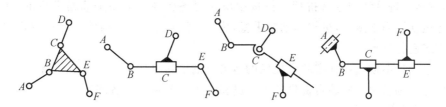

图 4-2　平面低副 Ⅲ 级杆组

4.1.2.2　机构的组成原理

根据如上所述,可将机构的组成原理概述为:任何平面机构均可以用零自由度的杆组依次连接到原动件和机架上来组成。这是本实验的基本原理。

4.1.2.3　正确拆分杆组

正确拆分杆组的 3 个步骤:

① 先去掉机构中的局部自由度和虚约束,有时还要将高副加以低代。

② 计算机构的自由度,确定原动件。

③ 从远离原动件的一端(即执行构件)先试拆分 Ⅱ 级杆组,当拆不出 Ⅱ 级杆组时,再试拆 Ⅲ 级杆组,即由最低级别杆组向高一级别杆组依次拆分,最后,剩下原动件和机架。

正确拆组的判定标准是:每拆去一个杆组或一系列杆组后,剩余的必须仍为一个完整的机构或若干个与机架相连的原动件,不允许有不成杆组的零散构件或运动副存在,否则,这个杆组拆得不对。每当拆出一个杆组后,再对剩余机构拆组,并按步骤③进行,直到剩下与机架相连的原动件为止。

如图 4-3 所示机构,可先除去 K 处的局部自由度;然后,按步骤②计算机构的自由度,即 $F=1$,并确定凸轮为原动件;最后,根据步骤③的要领,先拆分出由构件 4 和 5 组成的 Ⅱ 级杆组,再拆分出由构件 3 和 2 及构件 6 和 7 组成的两个 Ⅱ 级杆组及由构件 8 组成的单构件高副杆组,最后剩下原动件 1 和机架 9。

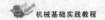

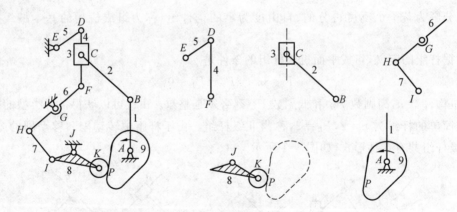

图 4-3　杆组拆分例图

4.1.2.4　正确拼装运动副及机构运动方案

根据拟定或由实验中获得的机构运动学尺寸,利用机构运动方案创新设计实验台提供的零件按机构运动的传递顺序进行拼接。拼接时,首先要分清机构中各构件所占据的运动平面,其目的是避免各运动构件发生运动干涉。然后,以实验台机架铅垂面为拼接的起始参考面,按预定拼接计划进行拼接。拼接中应注意各构件的运动平面是平行的,所拼接机构的外伸运动层面数愈少,机构运动愈平稳,为此,建议机构中各构件的运动层面以交错层的排列方式进行拼接。

机构运动方案创新设计实验台提供的运动副的拼接方法请参见以下介绍。

机构运动创新设计实验台提供的运动副拼接方法参见以下各图所示。

（1）实验台机架

实验台机架(如图 4-4 所示)中有 5 根铅垂立柱,它们可沿 X 方向移动。移动时,请用双手扶稳立柱,并尽可能使立柱在移动过程中保持铅垂状态,这样便可以轻松推动立柱。立柱移动到预定的位置后,将立柱上、下两端的螺栓锁紧(安全注意事项:不允许将立柱上、下两端的螺栓卸下,在移动立柱前只需将螺栓拧松即可)。立柱上的滑块可沿 Y 方向移动,将滑块移动到预定的位置后,用螺栓将滑块紧定在立柱上。按上述方法即可在 X 和 Y 平面内确定活动构件相对机架的连接位置。面对操作者的机架铅垂面称为拼接起始参考面或操作面。

本实验配有各种工具,连接用的螺钉、螺帽、垫圈、键等,其他主要零部件及其功能请仔细阅读表 4-1。

74

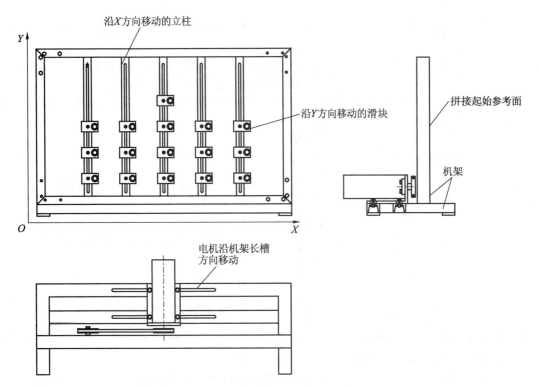

图 4-4　实验台机架图

表 4-1　主要零件及其功能表

标号	名称	图形	功能
1	固定支座销轴		与机架相连,带键槽的为主动销轴,不带键槽的为从动销轴
2	销轴		用于构成转动副或移动副的连接轴
3	端螺栓		装于轴端头,有台肩的可压紧轴端头,无台肩的可压紧套在轴上的连杆
4	连杆		将固定支座销轴、销轴的圆柱或扁头装于其上的圆孔或槽中,用端螺栓压紧轴端头,构成转动副或移动副
5	铰链座		将其凸台嵌在连杆的槽中用端螺栓固定,则连杆的构件长度可任意调整
6	主动滑块座		大孔装于直线电机的圆形齿条上并固定,轴孔与销轴连接。销轴,或作主动滑块,或与齿条连接
7	齿条		与齿轮啮合,构成齿轮齿条传动

75

续表

标号	名称	图形	功能
8	齿条护板		通过 4 个螺孔与齿条连接,使齿轮与齿条在同一平面上啮合
9	齿轮		模数 $m=2$,$z=28,35,42,56$ 的各 3 个
10	凸轮		基圆半径 20 mm,升回型,行程 30 mm
11	槽轮		有 4 个槽,应用在间歇运动场合
12	拨盘		双销,销回转半径 49.5 mm

（2）固定支座销轴与机座拼接

如图 4-5 所示,将表 4-1 中的固定支座销轴插于机架滑块的圆孔中,套上垫片固紧螺母即完成安装。销轴装于机架滑块的圆孔中的长度稍大于滑块的宽度。图 4-5a 中的销轴无键槽,其上套有垫片,螺母通过垫片压紧立柱上的滑块,所以销轴与立柱滑块间无相对运动,从而构成机架上的固定销轴。

图 4-5b 中的销轴有键槽,螺母在销轴上旋紧后与立柱上的滑块间有一定间隙,所以销轴与立柱滑块间可有相对运动,构成机架上的活动销轴。在轴上键槽处装上键并套上带轮,由电机的带轮带动即构成主动销轴。

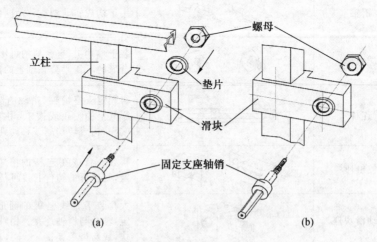

立柱

螺母

垫片

滑块

固定支座轴销

(a)　　　　　　　　　　(b)

图 4-5　固定支座销轴安装

（3）转动副的拼接

如图 4-6 所示,连杆 4 的两个圆孔间的距离即该连杆的长度,备有 $L=22$ mm,100 mm,

120 mm,150 mm,180 mm,200 mm,240 mm,300 mm,330 mm 共 8 种规格的连杆。如图 4-6a
所示,将销轴 2 穿入两连杆的孔中,销轴的两端面用带有凸台的端螺栓 3 固定,则两连杆构
成一个转动副。

销轴 2 圆柱段长度有几种规格,较长销轴配以套筒,用图 4-6a 的方法可拼接成由三连
杆构成的复合铰。如所需杆长不在 8 种规格之列,可按图 4-6b 所示安装得到任意杆长的连
杆。将销轴 2 插入铰链座 5 的孔中,然后用带有凸台的端螺栓 3 固定,即得到可与其他连杆
相连的销轴。将铰链座的凸台插入连杆槽中的任意位置并旋紧固紧螺栓,则可得到任意杆
长的连杆。

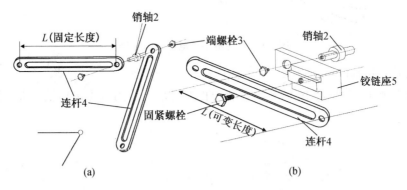

图 4-6　转动副的拼接

（4）移动副的拼接

如图 4-7 所示,将带有扁的销轴 2 的扁头插入连杆的槽中,另一端圆柱插入另一连杆的
孔中,销轴 2 的两端头均用带有凸台的端螺栓固定。该销轴可在连杆的槽中滑动,相当于滑
块。

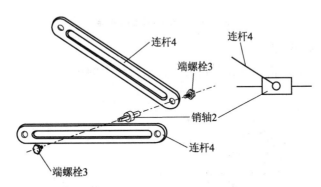

图 4-7　移动副的拼接

（5）主动滑块与电机轴的拼接

如图 4-8 所示,直线电动机的圆形齿条以 10 mm/s 的速度输出直线运动,并配有控制
器及两个行程开关。当由滑块作为原动件时,将主动滑块座 6 用两个六角螺栓连接在圆形
齿条上,把销轴 2 插入主动滑块座的孔中用埋头螺钉上紧,销轴 2 即可作为主动滑块使用。
为产生往复运动,在销轴 2 上装有控制行程开关的碰块。注意,圆形齿条的往复行程的距离
不应大于 400 mm,应首先调整两个行程开关控制方向及位置,切不可使圆形齿条从电机中
滑出,防止机件损坏。

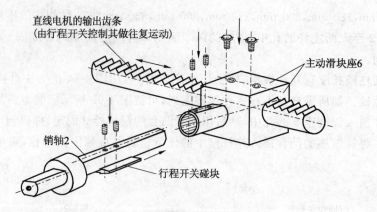

图 4-8　主动滑块与电机轴的拼接

（6）凸轮与销轴的安装

如图 4-9 所示，将凸轮 10 的孔套在装于机架滑块上的固定支座销轴 1 上，然后用埋头螺钉固紧。

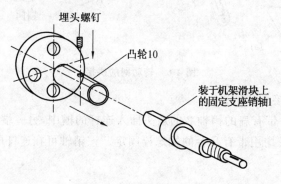

图 4-9　凸轮与销轴的安装

（7）齿轮与销轴的安装

如图 4-10 所示，将齿轮 9 的孔套在装于机架滑块上的固定支座销轴 1 上，然后用埋头螺钉固紧。

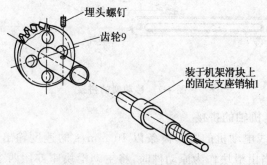

图 4-10　齿轮与销轴的安装

（8）齿条与固定支座销轴的安装

如图 4-11a 所示，将齿条 7 与两块（或单块）齿条护板 8 用 4 个螺钉固紧，使可保持与之啮合的齿轮在同一平面运动。图 4-11b 为齿条及其护板的的组装图。如图 4-11c 所示，将齿条组件的槽套装于机架滑块上的销轴的扁头上,并在销轴的端头用带台肩的螺栓固紧,则齿条组件可沿销轴的扁头移动。

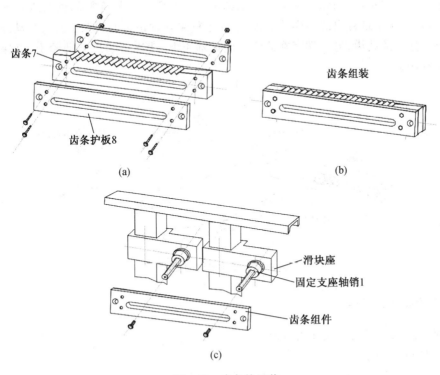

图 4-11　齿条的组装

（9）槽轮机构的安装

如图 4-12 所示,拨盘 12 上有两个拨销,将拨盘套入装于机架滑块上的固定支座销轴 1,其轴端用端螺栓 3 固定,使其与固定支座轴销 1 一起转动。将槽轮 11 的槽对准拨盘的拨销将其套入固定支座销轴 1 中,销轴 1 的轴端用端螺栓 3 固定。

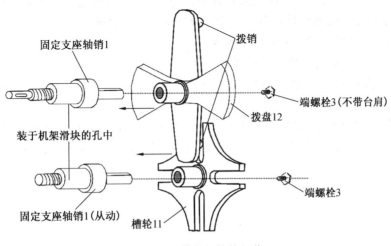

图 4-12　槽轮机构的组装

（10）凸轮机构的安装

如图 4-13 所示,将凸轮 10 套在装于机架滑块上的固定支座销轴 1,用埋头螺钉将其与固定支座轴销 1 固定,使凸轮可与固定支座轴销 1 一起转动。将连杆的槽套入两固定支座轴销 1 上,其轴端用带台肩的端螺栓 3 固定,使连杆可在轴销 1 的扁头上自由滑动。弹簧的一端固定于连杆的孔中,另一端套在固定支座销轴 1 上,使连杆紧压在凸轮上,以保持凸轮与连杆紧密接触。

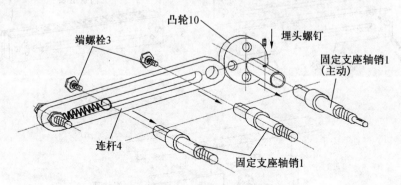

图 4-13　凸轮机构的组装

4.1.3　实验设备和工具

① 机构运动方案创新设计实验台。

② 工具箱一套。

③ 三角板、圆规和草稿纸等文具(学生自备)。

4.1.4　实验内容一

机构运动方案创新设计综合实验,其运动方案由学生根据设计要求构思平面机构运动简图,然后进行创新构思并完成方案的拼接,以达到开发学生创造性思维的目的。

实验可以选用工程机械中应用的各种平面机构,根据机构运动简图进行拼接实验;也可以从下列运用于工程机械的各种机构中选择方案并加以改进。

4.1.4.1　内燃机机构(如图 4-14 所示)

① 机构组成:由曲柄滑块与摇杆滑块组合而成。

② 工作特点:当曲柄 1 做连续转动时,滑块 6 做往复直线移动,同时摇杆 3 做往复摆动带动滑块 5 做往复直线移动。

该机构用于内燃机中,滑块 6 在压力气体作用下做往复直线运动(故滑块 6 是实际的主动件),带动曲柄 1 回转并使滑块 5 往复运动,使压力气体通过不同路径进入滑块 6 的左、右端并实现排气。

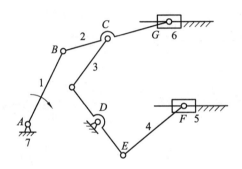

图 4-14 内燃机机构

4.1.4.2 精压机机构(如图 4-15 所示)

① 机构组成:该机构由曲柄滑块机构和两个对称的摇杆滑块机构所组成。对称部分由杆件 4—5—6—7 和杆件 8—9—10—7 两部分组成,其中一部分为虚约束。

② 工作特点:当曲柄 1 连续转动时,滑块 3 上下移动,通过杆 4—5—6 使滑块 7 做上下移动,完成物料压紧。对称部分 8—9—10—7 的作用是使构件 7 平稳下压,使物料受载均衡。

③ 用途:如钢板打包机,纸板打包机,棉花打捆机、剪板机等均可用此机构完成预期工作。

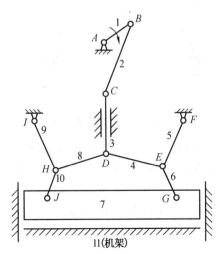

图 4-15 精压机机构

4.1.4.3 牛头刨床机构(如图 4-16 所示)

由图 4-16 可知,图 4-16b 将图 4-16a 中的构件 3 由导杆变为滑块,而将构件 4 由滑块变为导杆形成。

① 机构组成:牛头刨床机构由摆动导杆机构与双滑块机构组成。在图 4-16a 中,构件 2,3,4 组成两个同方位的移动副,且构件 3 与其他构件组成移动副两次;而图 4-16b 则是将图 4-16a 中滑块由点 D 移至点 A,使点 A 移动副在箱底处,易于润滑,使移动副摩擦损失减少,机构工作性能得到改善。图 4-16a 和图 4-16b 所示机构的运动特性完全相同。

② 工作特点:当曲柄 1 回转时,导杆 3 绕点 A 摆动并具有急回性质,使杆 5 完成往复直线运动,并具有工作行程慢、非工作行程快回的特点。

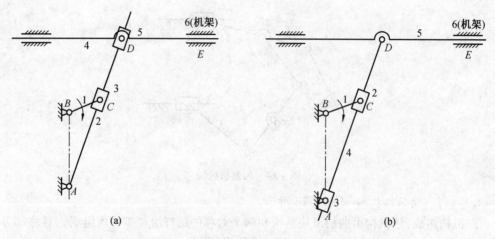

图 4-16　牛头刨床机构

4.1.4.4　两齿轮-曲柄摇杆机构（如图 4-17 所示）

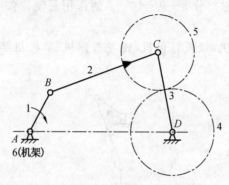

图 4-17　齿轮-曲柄摇杆机构

① 机构组成：该机构由曲柄摇杆机构和齿轮机构组成，其中齿轮 5 与摇杆 2 形成刚性联接。

② 工作特点：当曲柄 1 回转时，连杆 2 驱动摇杆 3 摆动，从而通过齿轮 5 与齿轮 4 的啮合驱动齿轮 4 回转。由于摆杆 3 往复摆动，从而实现齿轮 4 的往复回转。

4.1.4.5　两齿轮-曲柄摆块机构（如图 4-18 所示）

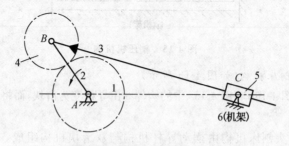

图 4-18　齿轮-曲柄摆块机构

① 机构组成：该机构由齿轮机构和曲柄摆块机构组成。其中齿轮 1 与杆 2 可相对转动，而齿轮 4 则装在铰链点 B 并与导杆 3 固联。

② 工作特点：杆 2 作圆周运动，曲柄通过连杆使摆块摆动，从而改变连杆的姿态，使齿轮 4 带动齿轮 1 做相对曲柄的同向回转与逆向回转。

4.1.4.6　喷气织机开口机构(如图 4-19 所示)

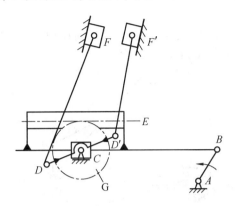

图 4-19　喷气织机开口机构

① 机构组成:该机构由曲柄摆块机构,齿轮-齿条机构和摇杆滑块机构组合而成,其中齿条与导杆 BC 固联,摇杆 DD' 与齿轮 G 固联。

② 工作特点:曲柄 AB 以等角速度回转,带动导杆 BC 随摆块摆动的同时与摆块做相对移动,在导杆 BC 上固装的齿条 E 与空套在轴上的齿轮 G 相啮合,从而使齿轮 G 做大角度摆动;与齿轮 G 固联在一起的杆 DD' 随之运动,通过连杆 $DF(D'F')$ 使滑块做上下往复运动。组合机构中,齿条 E 的运动是由移动和转动合成的复合运动,而齿轮 G 的运动就取决于这两种运动的合成。

4.1.4.7　冲压机构(如图 4-20 所示)

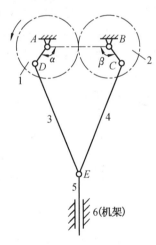

图 4-20　冲压机构

① 机构组成:该机构由齿轮机构与对称配置的两套曲柄滑块机构组合而成,AD 杆与齿轮 1 固联,BC 杆与齿轮 2 固联。

② 组成要求:$z_1 = z_2$;$AD = BC$;$\alpha = \beta$。

③ 工作特点:齿轮 1 匀速转动,带动齿轮 2 回转,从而通过连杆 3 和 4 驱动杆 5 做上下直线运动,以完成预定功能。

该机构可拆去杆件 5,而点 E 运动轨迹不变,故该机构可用于因受空间限制无法安置滑槽但又须获得直线进给的自动机械中,而且对称布置的曲柄滑块机构可使滑块运动受力状态良好。

④ 用途:此机构可用于冲压机、充气泵、自动送料机中。

4.1.4.8 插床机构(如图 4-21 所示)

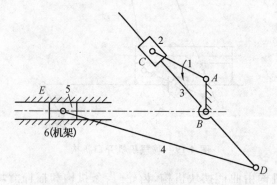

图 4-21 插床机构

① 机构组成:该机构由转动导杆机构与正置曲柄滑块机构构成。

② 工作特点:曲柄 1 匀速转动,通过滑块 2 带动从动杆 3 绕点 B 回转,通过连杆 4 驱动滑块 5 做直线移动。由于导杆机构驱动滑块 5 往复运动时对应的曲柄 1 转角不同,故滑块 5 具有急回特性。

③ 用途:此机构可用于刨床和插床等机械中。

4.1.4.9 筛料机构(如图 4-22 所示)

① 机构组成:该机构由曲柄摇杆机构和摇杆滑块机构构成。

② 工作特点:曲柄 1 匀速转动,通过摇杆 3 和连杆 4 带动滑块 5 做往复直线运动,由于曲柄摇杆机构的急回性质,使得滑块 5 速度、加速度变化较大,从而更好地完成筛料工作。

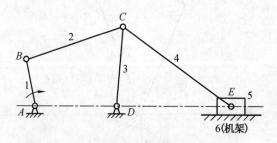

图 4-22 筛料机构

4.1.4.10 凸轮-连杆组合机构(如图 4-23 所示)

① 机构组成:该机构由凸轮机构和曲柄连杆机构及齿轮齿条机构组成,且曲柄 EF 与齿轮为固联构件。

② 工作特点:凸轮为主动件匀速转动,通过摇杆 2、连杆 3 使齿轮 4 回转,通过齿轮 4 与齿条 5 的啮合使齿条 5 做直线运动,由于凸轮轮廓曲线和行程限制及各杆件的尺寸制约关系,齿轮 4 只能做往复转动,从而使齿条 5 做往复直线移动。

③ 用途:此机构用于粗梳毛纺细纱机钢板运动的传动机构。

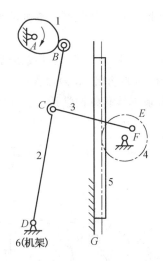

图 4-23　凸轮-连杆组合机构

4.1.4.11　凸轮-五连杆机构(如图 4-24 所示)

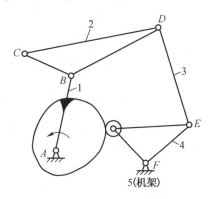

图 4-24　凸轮-五连杆机构

① 机构组成:该机构由凸轮机构和连杆机构构成,其中凸轮与主动曲柄 1 固联,又与摆杆 4 构成高副。

② 工作特点:凸轮匀速回转,通过杆 1 和杆 3 将运动传递给杆 2,从而杆 2 的运动是两种运动的合成运动,因此连杆 2 上的 C 点可以实现给定的运动轨迹。

4.1.4.12　行程放大机构(如图 4-25 所示)

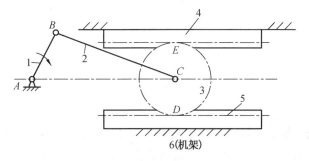

图 4-25　行程放大机构

① 机构组成:该机构由曲柄滑块机构和齿轮齿条机构组成,其中齿条 5 固定为机架,齿轮 4 为移动件。

② 工作特点:曲柄 1 匀速转动,连杆上 C 点做直线运动,通过齿轮 3 带动齿条 4 做直线移动,齿条 4 的移动行程是 C 点行程的两倍,故为行程放大机构。

注:若为偏置曲柄滑块,则齿条 4 具有急回性质。

4.1.4.13 冲压机构(如图 4-26 所示)

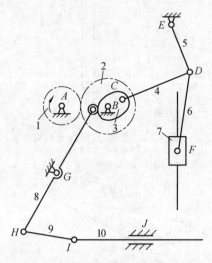

图 4-26 冲压机构

① 机构组成:该机构由齿轮机构、凸轮机构、连杆机构组成,其中凸轮 3 与齿轮 2 固联。

② 工作特点:齿轮 1 匀速转动,齿轮 2 带动与其固联的凸轮 3 一起转动,通过连杆机构使滑块 7 和滑块 10 做往复直线移动,其中滑块 7 完成冲压运动,滑块 10 完成送料运动。

该机构可用于连续自动冲压机床或剪床(剪床则由滑块 7 为剪切工具)。

4.1.5 实验内容二

4.1.5.1 钢板翻转机

(1) 设计题目

如图 4-27 所示,该机构具有将钢板翻转 180° 的功能。钢板由辊道送至左翻板,并沿顺时针方向转动,当转至铅垂位置偏左约 10°时,与逆时针方向转动的右翻板会合;接着左翻板与右翻板一同转至铅垂位置偏右约 10°,左翻板折回到水平位置,与此同时,右翻板顺时针方向转到水平位置,从而完成钢板翻转任务。

(2) 已知条件

① 原动件由电动机驱动。

② 每分钟翻钢板 10 次。

(3) 设计任务

① 用图解法或解析法完成机构运动方案的设计,并用机构创新模型加以实现。

② 绘制机构运动简图,计算自由度,并分析机构的基本杆组。

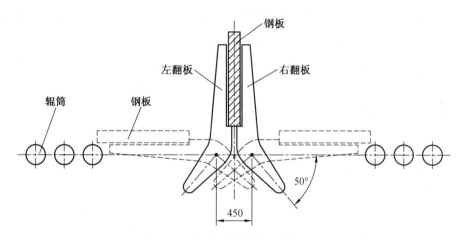

图 4-27 钢板翻转机构工作原理图

4.1.5.2 设计玻璃窗的开闭机构

(1) 已知条件

① 窗框开闭的相对角度为 90°。

② 操作构件必须是单一构件,要求操作省力。

③ 在开启位置时,人在室内能擦洗玻璃的正反两面。

④ 在关闭位置时,机构在室内的构件必须尽量靠近窗槛。

⑤ 机构应支承起整个窗户的重量。

(2) 设计任务

① 用图解法或解析法完成机构的运动方案设计,并用机构创新模型加以实现。

② 绘制出机构运动简图,计算自由度,并分析机构的基本杆组。

4.1.5.3 坐躺两用摇动椅

(1) 已知条件

① 坐躺角度为 90°~150°。

② 摇动角度为 25°。

③ 操作动力源为手动和重力。

④ 安全舒适。

(2) 设计任务

① 用图解法或解析法完成机构系统的运动方案设计,并用机构创新模型加以实现。

② 绘制出机构运动简图,计算自由度,并分析机构的基本杆组。

4.1.6 实验步骤

① 进实验室前,应完成以下前期工作:

a. 分析设计题目,进行方案构思,分析、比较、确定方案。

b. 确定机构尺寸(图解或解析),画出机构运动简图,分析机构运动,达到设计要求。

② 按所设计的运动方案,进行机构拼装。

③ 机构拼装好后,先手动检查机构运动情况,至少在一个运动周期内能够正常运动,否则应重新调整。

④ 一般情况下,手动满足设计要求即可。若要实现电机拖动,需经指导教师检查同意后,安装联接电机组件,并同教师一起仔细检查后才可通电启动电机。

⑤ 完成实验后,应将零件分类放入零件箱内,并将实验教室打扫干净,将桌椅物品摆放整齐,经教师检查后方可离开实验室。

4.1.7　填写实验报告

① 实验目的、设计题目、已知条件。

② 设计说明(确定机构方案的过程,分析其优、缺点;机构尺寸确定的主要过程,必要的机构运动分析)。

③ 机构运动简图。

④ 做自行设计机构的可行性分析报告(能否满足设计要求,运动是否灵活,有何改进措施等)。

⑤ 机构运动分析曲线图及数据。

4.2　慧鱼技术创新设计实验

4.2.1　实验目的

① 用慧鱼创意组合模型拼装实用机械系统模型,使学生对实际机械系统组成原理有较深的认识。

② 用慧鱼创意组合模型拼装各类机器人模型,并用计算机编程,通过接口电路对机器人进行控制,使学生对现代控制技术有一个初步的了解。

③ 培养学生专业学习的兴趣和工程实践动手能力。

④ 培养学生综合设计能力,激发学生的创新意识。

4.2.2　实验原理

在进行机构或产品的创新设计时,往往很难判断方案的可行性,如果把全部方案的实物都直接加工出来,不仅费时费力,而且很多情况下设计的方案还需模型来进行实践检验,所以不能直接加工生产出实物。现代的机械设计很多情况下是机电系统的设计,设计系统不仅包含了机械结构,还有动力、传动和控制部分,每个工作部分的设计都会影响整个系统的正常工作。全面考虑这些问题,为每个设计方案制作相应的模型,无疑成本是高昂的,甚至由于研究目的、经费或时间的因素而变为不可能。

慧鱼创意组合模型由各种可相互拼接的零件组成,由于模型充分考虑了各种结构、动力、控制的组成因素,并设计了相应的模块,因此可以拼装成各种各样的模型,可以用于检验学生的机械结构设计和机械创新设计。

4.2.3　实验设备和工具

实验设备包括慧鱼创意组合模型、电源、计算机、控制软件、可拼装烘手器、工业机器人、行走机器人、焊接机器人等,如图 4-28 所示。

图 4-28　慧鱼创意系列拼装模型

4.2.4　实验方法及步骤

① 根据教师给出的或自己选定的创新设计题目,经过小组讨论后,拟定初步设计方案。
② 将初步设计方案交给指导教师审核。
③ 审核通过后,按比例缩小结构尺寸,使该设计方案可由慧鱼创意组合模型进行拼装。
④ 选择相应的模型组合包。
⑤ 根据设计方案进行结构拼装。
⑥ 安装控制部分和驱动部分。
⑦ 确认连接无误后,上电运行。
⑧ 必要时连接电脑接口板,编制程序并调试。步骤为:先断开接口板、电脑的电源,然后连接电脑及接口板,当接口板通电时,电脑通电运行。根据运行结果修改程序,直至模型运行达到设计要求。
⑨ 运行正常后,先关电脑,再关接口板电源,最后拆除模型,将模型各部件放回原存放位置。

4.2.5　慧鱼创意组合模型的说明

4.2.5.1　构件的分类
慧鱼创意组合模型的构件可分成机械构件、电器构件、气动构件等几大部分。
（1）机械构件
机械构件主要包括齿轮、连杆、链条、齿轮(圆柱直齿轮、锥齿轮、斜齿轮、内啮合齿轮、外啮合齿轮)、齿轮轴、齿条、蜗轮、蜗杆、凸轮、弹簧、曲轴、万向节、差速器、齿轮箱、铰链等。
图 4-29 所示为慧鱼模型组合包部分零件示意图。

60°	31010 3x		31360 1x		32958 1x		36296 2x
30°	31011 4x		31426 2x		32985 1x		35299 4x
	31019 1x		31436 2x		35031 2x		36323 4x
	31021 2x		31663 1x		35040 4x	63.6	36326 2x
	31022 1x		31762 38x		35053 6x		36334 5x
	31023 4x		31779 1x		35054 3x		36438 1x
110	31031 2x		31915 1x	120	35080 2x		36443 1x
90	31040 1x	15°	31981 4x		35078 1x		36532 2x
	31058 2x		31962 7x		35945 1x		35559 1x
15	31060 1x		32064 7x		35969 6x		36983 1x
30	31061 4x		32233 1x		35970 1x		37237 7x
	31064 1x		32263 2x		38120 1x		37238 4x
	31078 1x		32293 1x		36121 1x		37468 2x
	31082 1x		32850 4x		36134 1x		37638 2x
	31323 1x		32879 13x		36248 77x		37679 8x
	31336 15x		32881 12x		36294 2x		37681 1x
	31337 15x		32882 3x		35297 5x		37783 2x

	37858 1x		38242 3x		38251 3x		38428 2x
	37658 1x		38243 1x		38277 2x		38464 4x
	37875 1x		38245 3x	 30	38413 1x		
	38216 4x		38246 2x	 60	38415 1x		
	38240 2x		38248 2x	 60	38416 2x		
	38241 2x		38249 3x		38423 4x		

图 4-29　慧鱼模型组合包部分零件

（2）电器构件

电器构件主要包括：直流电机（9 V 双向），红外线发射接收装置，传感器（光敏、热敏、磁敏、触敏），发光器件，电磁气阀，智能接口板，可调直流变压器（9 V，1 A，带短路保护功能）。接口电路板含电脑接口板、PLC 接口板。

图 4-30 为慧鱼传感器组合实验用传感器示意图。

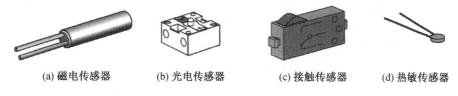

(a) 磁电传感器　　(b) 光电传感器　　(c) 接触传感器　　(d) 热敏传感器

图 4-30　慧鱼传感器组合实验用传感器

（3）气动构件

气动构件主要包括储气罐、气缸、活塞、气弯头、手动气阀、电磁气阀、气管等。

4.2.5.2　构件的材料

所有构件主料均采用优质的尼龙塑胶，辅料采用不锈钢芯、铝合金架等。

4.2.5.3　构件连接方式

基本构件采用燕尾槽插接方式连接，可实现六面拼接，满足构件多自由度定位的要求，可多次拆装并组合成各种教学、工业模型。

4.2.5.4　控制方式

通过电脑接口板实现电脑对工业模型的控制。当要求模型的动作较单一时，也可以只用简单的开关来控制模型的动、停。

慧鱼接口板（如图 4-31 所示）自带微处理器，通过串口与计算机相连，在计算机上编好的程序可以下载到接口板的微处理器，它可以不用计算机独立地处理程序。慧鱼接口板有以下几个特点：自带微处理器、程序可在线和下载操作、用 ROBO Pro 软件或高级语言编

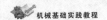

程、通过 RS232 串口与电脑连接、四路马达输出、八路数字信号输入、四路模拟信号输入、断电程序不丢失、输入输出可扩展。

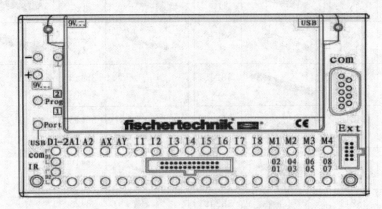

图 4-31　智能接口板

4.2.5.5　编程软件

用电脑控制模型时,采用 ROBO Pro 软件或高级语言如 C、C++、VB 等编程。ROBO Pro 软件是一种图形化编程软件,简单易用、实时控制,包含 17 种功能模块,可任意组合编程,图形化显示,全自动连线。有关使用 ROBO Pro 软件编程的详细说明请参阅 ROBO Pro 软件手册。图 4-32 所示为 ROBO Pro 软件的操作界面。

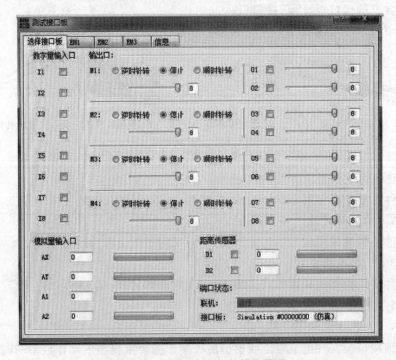

图 4-32　ROBO Pro 软件操作界面

用 PLC 控制方式时,模型装配好后请注意输入输出点数,一个电机有正反两种转向,需要使用 PLC 两个输出点。还要注意电机电压,电机电压有两种,一种是直流 9 V,另一种是直流 24 V。如果 PLC 是继电器型输出,请外接相应的直流电源,如果是其他输出方式,对

于直流 9 V 的马达要考虑增加 PLC 转接板。

4.2.6　慧鱼创意组合模型实验举例

4.2.6.1　干手器

干手器的作用原理是利用常温的风或热风吹干手上的水分,因此干手器的基本机构组成里应有风扇或鼓风装置。为了节省能源,还要有电源开关,通常是光电开关或感应开关。由于在干手前手是潮湿的,因此不适宜采用机械开关。利用慧鱼创意组合模型中的传感器组合包,可将此干手器模型组建起来,采用的是光电开关,用常温风吹干手。模型的组合步骤如图 4-33 和图 4-34 所示。

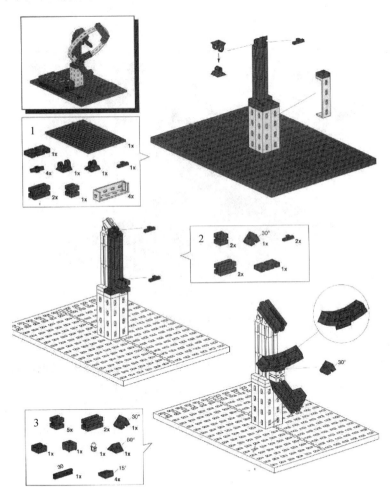

图 4-33　干手器模型的组建步骤 1

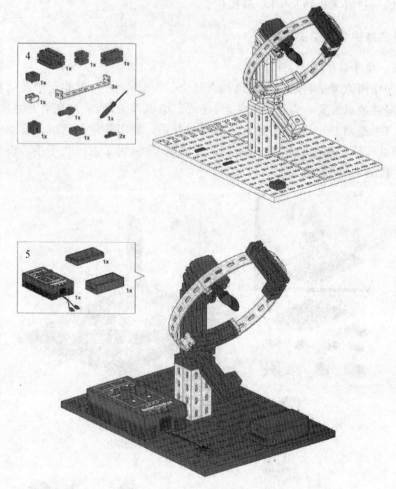

图 4-34　干手器模型的组建步骤 2

4.2.6.2　自动打标机

自动打标机是用来在产品上打印标签的机器。打标机的动力源是电动机,采用飞轮带动曲柄旋转,从而使打印头做往复打印运动。工作平台上装有光电感应开关,当工件到达打印工作平台时,将光电开关的光线遮住,此时触动光电开关,使电机转动,打印头做一次往复运动,则打印工作完成。该模型的组合步骤如图 4-35 和图 4-36 所示。

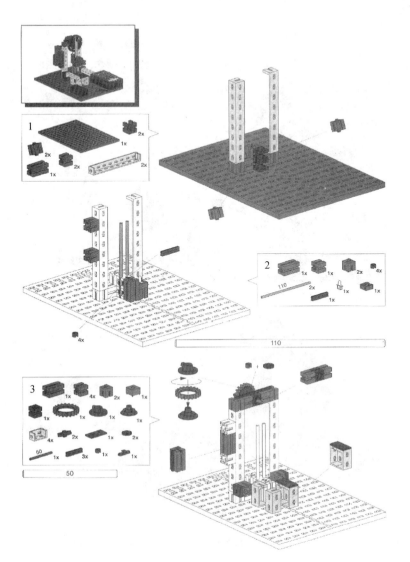

图 4-35　自动打标机的组合步骤 1

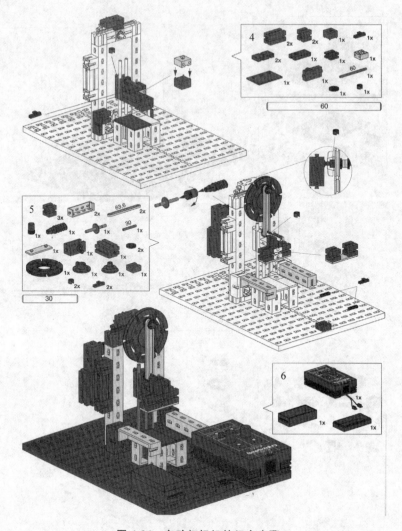

图 4-36　自动打标机的组合步骤 2

4.2.7　注意事项

① 根据每个组合包操作手册中所列零件清单分别存放零件。

② 做实验时按需领取零件，做完实验后把所有零件分门别类存放原处，尤其是要避免小零件的丢失和损坏。

③ 装配机械模型过程中应注意零件的尖角，避免划伤。

④ 模型编程调试前必须进行接口测试，经过手动调试后方可进行。

4.2.8　填写实验报告

① 实验目的、设计题目、方案拟定。

② 设计说明(确定机构方案的过程，分析其优缺点)。

③ 机构传动方案简图。

④ 模型控制、编制流程图。

⑤ 做自行设计机构的可行性分析报告(能否满足设计要求,运动是否灵活,有何改进措施等)。

4.3 机械系统集成及分析实验

机械传动形式很多,包括啮合传动,如齿轮、蜗杆传动,同步带传动、链传动,摩擦传动,如 V 带和平带传动,流体传动等,不同的传动形式特点各异。在机械传动系统设计时,为了充分发挥不同机械传动形式的特点,实现功能与成本的最优化,或由于机械的功能要求,常常采用两级或多级传动。那么,如何正确选择不同的机械传动形式以组成传动系统链,如何把不同的传动形式合理布置在传动系统链中,这是机械传动系统设计的重要内容。

机械系统集成及分析实验是机械设计创意及综合设计实验,运用 CQJPZ - A 机械系统 Ⅰ 型训练系统,可进行有关"带传动""链传动""齿轮传动""蜗杆传动"及将以上各传动机构任意搭接的"综合机械传动"等实验方案设计,通过计算机进行控制,实现预期的运动和数据处理,能够加深学生对典型机械传动性能的认识和理解,达到开发学生创造性的目的。

4.3.1 实验目的

① 认识机械设计综合实验台的工作原理,掌握计算机辅助实验的新方法。

② 掌握典型机械传动装置的组装设计方法、机械传动合理布置的基本要求。

③ 掌握机械传动参数测试方法,锻炼机械传动过程参数分析能力,加深对常用机械传动性能的认识和理解。

4.3.2 实验原理

4.3.2.1 机械系统的组成

机械系统主要由工作机、传动装置和动力机 3 部分组成。现代机器常把上述 3 部分合成一个整体而自成一个机械系统,这时工作机就是机器中的执行机构,动力机则是机器中的驱动部分。

现代机械系统除了包括上述 3 部分外,还带有控制-操纵单元和辅助单元。实验台提供了电机转速控制、负载控制部分及系统参数检测部分。

4.3.2.2 机械系统方案设计

方案设计由 3 个基本活动组成,即创造、分析和决策。设计过程的开始是提出一种需求,即设定设计目标。本实验台提供了驱动静态负载与动态负载两种目标,为实现对这两种负载的驱动,将设计不同传动路线以组成传动系统。

4.3.2.3 传动部件的结构及性能认识

对于组成机械系统的动力及传动部件的选择,决定了机械系统动力性能及结构。主要包括以下部件:电机,联轴器,减速器,离合器,带、链传动,杆机构。

4.3.2.4 系统方案的评价准则

评价准则的建立包括 3 个方面的内容:技术评价、经济评价、社会评价。

(1)技术评价

对设计方案实现规定功能技术先进性、可能性的评价,包括设计原理、技术参数、关键问题、成功率和应用效益的估计等。技术评价应以提出的方案能否实现规定的功能为中心目标,主要有保证功能实现程度(产品的性能、质量、寿命等)、可靠性、安全保证程度、操纵方便程度,以及与全系统的协调性等。

（2）经济评价

经济评价是指设计方案的实施费用与可能取得的效益的比较,最后表现为产品寿命同期成本的降低程度。进行经济评价时,首先应该估算出各方案的成本,然后再进行比较。进行经济评价前,应该明确下列因素:企业经营因素、技术因素、市场因素、经济因素、时间因素等。

（3）社会评价

社会评价是指对新产品可能产生的社会效益的评价,其中主要有推动技术进步、发展社会生产力、削减环境污染、改善生态平衡、增进社会福利、保证安全防火、有助于身心健康等。

4.3.3 实验设备和工具

① CQJPZ－A 机械系统 I 型训练系统。

② 组装、拆卸工具:十字起子、活动扳手、内六角扳手等。

4.3.4 实验设备简介

4.3.4.1 CQJPZ－A 机械驱动系统 I 型训练系统

如图 4-37 所示的系统包括一个活动的工作站,用于装配机械系统的标准工作台板、储存面板、储存松散组件的存储单元。

工作台板包含四块金属板,大多数实验活动会用 1～2 块金属板,这就允许 4 个或者更多的学生同时使用 CQJPZ－A。每一个工作台板都设计有用于装配组件的槽和孔。

另外,工作站还包含一个电动机控制单元,这个单元是为了安全控制电动机的用电而设计的。

图 4-37　CQJPZ－A 机械驱动系统 I 型训练系统

（1）安装存储面板组件

CQJPZ－A 机械系统I型训练系统包括轴面板 1、轴面板 2、带面板、链面板、齿轮面板 1、齿轮面板 2、曲柄滑块面板、机构面板等面板。这些面板的设计目的是为了能快速辨识传动组件并且很容易地找到它们。每一个面板都有把手,便于装卸面板。这些面板装配在工作台的头顶上方架子上,如图 4-38 和图 4-39 所示。

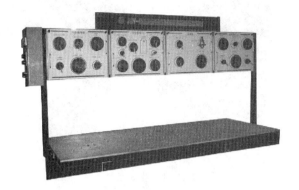

图 4-38　零件面板 1

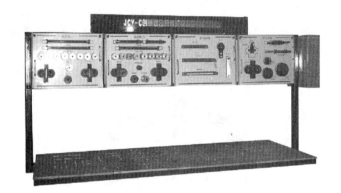

图 4-39　零件面板 2

（2）安装存储抽屉单元

如图 4-40 所示单元包括在面板上不易储存的或者含有油脂需要密封的组件。抽屉中包含下列物品:

① 抽屉 1:测量仪器,垫片和按键。

② 抽屉 2:带、链。

③ 抽屉 3:装配器具、标准紧固件。

（3）安装松散组件

如图 4-41 所示组件包括常转速电机、齿轮电机（可变速）、电机可调支撑座、带式制动器、数字转速计、常速电机等。

图 4-40　安装存储抽屉单元

齿轮电机是一个较小的带变速的电机,在变速单元中用于齿轮驱动。

带式制动器和转速计用于测量很多驱动系统。

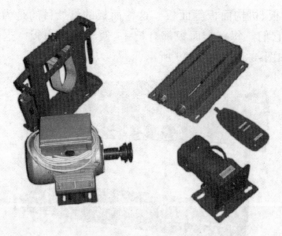

图 4-41 松散组件

（4）完成下列步骤，整理并辨认测量和校正工具

校正工具存放在储物柜的抽屉 1 中，包括 20 cm 直尺、20 cm 直角尺、水平仪（长度为90 mm）、三向水平仪（多用型，可测水平、垂直、与水平呈 40°角平面，水平仪长度为 230 mm）、百分表（0.01 mm/格）、磁性表座、旋钮（2 个）、游标卡尺（0～150 mm）、外径千分尺（或外径卡规，0～25 mm）、塞尺（0.0381～0.635 mm）、组合角尺等，如图 4-42 所示。

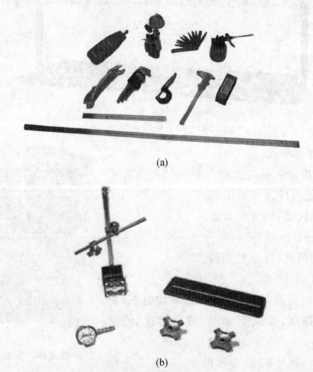

(a)

(b)

图 4-42 测量和校正工具

活动的工作站的下部柜子储存各种类型安装校配工具及松散组件。

4.3.4.2 测试控制系统组成

测试控制系统如图 4-43 所示。

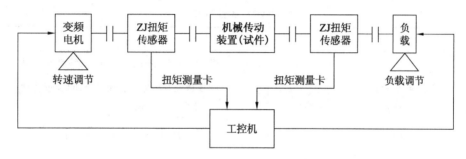

图 4-43 测试控制系统组成

实验中利用实验台的自动控制测试技术,能自动测试出机械传动的性能参数,如转速 n(r/min)、扭矩 M(N·m)、功率 P(kW),并按照以下关系绘制参数曲线:

① 传功比

$$i = n_1 / n_2 \tag{4-1}$$

② 扭矩

$$M = 9550 P / n \tag{4-2}$$

③ 传动效率

$$\eta = P_2 / P_1 = M_2 n_2 / M_1 n_1 \tag{4-3}$$

根据参数曲线可以对被测机械传动装置或传动系统的传动性能进行分析。

4.3.4.3 主要技术参数

(1)动力部分

交流变频电机 YP-50-055-4:额定功率 0.55 kW,电压 380/220 V,额定频率 50 Hz,电流 1.8/3.1 A,同步转速 1500 r/min,额定转矩 3.8 N·m;变频控制器调速范围:0～1500 r/min,调速精度:0.1%。

(2)加载部分

CZ5 磁粉制动器功率 3.5 kW,加载范围 0～50 N·m。

(3)传动部分

① 圆柱齿轮减速器:减速比 1:10;摆线针轮减速器:减速比 1:11;蜗轮蜗杆减速器:减速比 1:10。

② 同步带传动:带轮齿数 $z_1 = 34$,$z_2 = 51$,节距 $L = 9.42$ mm;聚氨酯同步带:$3 \times 121 \times 20$,$3 \times 87 \times 20$;三角带传动:带轮基准直径 $D_1 = 80$ mm,$D_2 = 120$ mm;三角带 A-1000、A-700;平型带传动:小带轮直径 $D_1 = 80$ mm,$D_2 = 120$ mm,$L = 985$ mm(复合材料)。

③ 链传动:链轮 $z_1 = 20$,$z_2 = 25$,滚子链:08B-1×76,08B-1×56。

④ 螺纹传动:公称直径 $d = 32$ mm,螺距 $t = 4$ mm,线数 $n = 1$;3 种螺纹:矩形、梯形、锯齿形。

(4)测试部分

NJ0 转矩转速传感器 2 个,额定转矩 20/50 N·m,转速范围 0～6000 r/min,精度均为 0.1%。

4.3.5 实验内容及要求

实验内容见表 4-2。

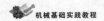

表 4-2　实验内容

典型一级传动方案	典型二级传动方案
带传动	带/链/同步带-圆柱齿轮/摆线针轮传动
同步带传动	圆柱齿轮/摆线针轮-带/链/同步带传动
链传动	带-链传动
圆柱齿轮传动	摆线针轮传动-圆柱齿轮传动
摆线针轮传动	
蜗杆传动	
螺纹传动	

以上几种传动组合均采用模块化组合结构,每个模块(驱动模块——交流变频电机和转矩转速传感器的组合、一个或多个传动模块、加载模块——磁粉制动器和转矩转速传感器的组合)之间采用滑块联轴器、挠性爪形联轴器或链轮联轴器进行快速连接,学生还可根据自己的拼装方案进行组装。

选择几种实验方案进行实验组装,测试比较。无论选择哪类实验,其基本内容都是通过对某种机械传动装置或传动方案性能参数曲线的测试来分析机械传动的性能特点。

4.3.6　实验方法及步骤

实验步骤如图 4-44 所示。

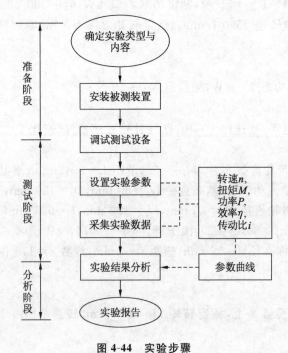

图 4-44　实验步骤

(1)准备阶段

① 认真阅读《实验指导书》,搭接实验装置前应仔细阅读本实验台的说明书,熟悉各主

要设备性能、参数及使用方法,正确使用仪器设备及教学专用软件。

② 确定实验类型与实验内容;确定选用的典型机械传动装置及其组合布置方案,并进行方案比较实验。

③ 布置、安装被测机械传动装置(系统)。搭接实验装置时,由于电动机、被测试传动装置、传感器、加载器的中心高不一致,搭接时应选择合适的垫板、支撑座、联轴器,调整好设备的安装精度,从而保证测试的数据精确。

④ 在搭接好实验装置后,用手驱动电机轴,如果装置运转灵活,便可接通电源进入实验装置,否则应仔细检查并分析造成运转干涉的原因,并重新调整装配,直到运转灵活。

⑤ 要求对测试设备进行调零,以保证测量精度。

(2) 测试阶段

① 打开实验台电源总开关和工控机电源开关。

② 点击【Test】,显示测试控制系统主界面,熟悉主界面的各项内容。

③ 键入实验教学信息:实验类型、实验编号、小组编号、实验人员、指导教师、实验日期等。

④ 点击【设置】,确定实验测试参数,如转速(n_1,n_2)、扭矩(M_1,M_2)等。

⑤ 点击【分析】,确定实验分析所需项目:曲线选项、绘制曲线、打印表格等。

⑥ 启动主电机,进入"试验",使电动机转速加快至接近同步转速后,进行加载。加载时要缓慢平稳,否则会影响采样的测试精度;待数据显示稳定后,即可进行数据采样。分级加载,分级采样,采集 10 组数据左右即可。

⑦ 从"分析"中调看参数曲线,确认实验结果。

⑧ 打印实验结果。

⑨ 结束测试。注意:应逐步卸载,最后关闭电源开关。

4.3.7 填写实验报告

(1) 按国标规定的机构运动简图符号绘制机械传动系统简图。

(2) 记录系统动力参数、运动参数及负载变化。

(3) 打印 n_1,n_2,M_1,M_2,η 的变化曲线(最大负载)。

(4) 记录零部件精度测量结果并进行分析评价。

(5) 思考并讨论。

① 如何提高机械效率?本次实验中机械效率的提高是什么原因引起的?

② 分析上述曲线变化的原因。

③ 评价所搭接的机械传动系统。

4.4 轴系结构设计实验

任何回转机械大多都有轴系结构,轴系结构设计在机械设计中很重要。根据轴的回转要求,决定轴系组成及支撑解决方案;根据功能要求,决定轴系的总体组成结构。轴上零件的轴向定位、周向定位设计,是机械设计的重要环节,也是机械设计课程教学的重点内容。由于轴系结构设计涉及的加工工艺、装配工艺方面的问题较多、实践性较强,而学生在进入

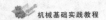

机械设计课程学习阶段还没有独立进行机械设计的经验,因此,教师只能在课堂上用语言描述轴系结构设计过程,无异于"纸上谈兵"。

为了强化轴系结构设计能力的训练,设置轴系结构设计实验可以使学生熟悉和掌握轴的结构和轴承组合结构设计的基本要求,加深对课堂上所学知识的理解与记忆;还可以对学生进行技法训练,培养工程实践技能,为后面的综合课程设计训练打好基础。此外,也可以培养创新意识。

4.4.1 实验目的

① 深入了解及认识轴系部件的结构形式,熟悉零件的结构形状、工艺、作用。

② 熟悉和掌握轴的结构设计和轴承组合设计的基本要求和设计方法。

③ 对所设计的组成方案进行组装与测绘等动手技能操作的训练。

4.4.2 实验设备和工具

(1) 创意组合式轴系结构设计实验箱。

箱内有齿轮类、轴类、套筒类、端盖类、支座类、轴承类及连接件等 8 种 168 件轴系零部件(见实验箱说明书中零部件明细表),可以组合出 7 类 400 余种轴系结构方案(见实验箱说明书中轴系结构设计方案选择表)。

(2) 装配工具。

① 实验箱配套工具:双头扳手 12×14 及 10×12、挡圈钳、三吋螺丝刀。

② 其他工具:300 mm 钢板尺、200 mm 游标卡尺、内外卡钳、铅笔、三角板等。

(3) 仿真软件光盘一张。

4.4.3 实验要求及方法

(1) 了解轴系系统的组成。

熟悉轴向、周向定位的常见方法,对照实物研究零件的各部位名称与功能特点。

(2) 设计方案及操作。

每名同学从所给出的 4 项轴系功能题目中选择不少于 2 项,并完成零件的选择、组成方案的初步设计、修改与优化、组装、必要的测绘等操作。

根据所给硬件及设计方案,现场作出设计草案,提出轴系组成方案,组合出合理的轴系部件。

实验结果应绘制 A3 幅面的结构图,对重要轴向尺寸进行标注,并绘制各零件的功用说明表。

(3) 结果检查。

① 轴上各零件能否装到指定位置。

② 轴上零件的轴向、周向是否可靠定位。

③ 轴承游隙是否需要调整,如何调整。

④ 轴系能否实现回转运动,运动是否灵活。

⑤ 轴系沿轴线方向位置是否固定,若固定,思考其原因。

（4）编写实验报告。

（5）实验题目。

① 题目 1：轴上传动件为直齿圆柱齿轮，轴端半联轴器。

② 题目 2：轴上传动件为斜齿圆柱齿轮，轴端半联轴器。

③ 题目 3：轴上传动件为圆锥齿轮，轴端半联轴器。

④ 题目 4：轴上传动件为蜗杆，轴端半联轴器。

4.4.4 实验方法及步骤

① 熟悉所有组成零件，明确实验内容，理解设计要求。

② 复习有关轴系的结构设计与轴承组合设计的内容与方法。

③ 参照"轴系结构设计方案选择表"，构思、选定轴系结构方案。

a. 根据齿轮（或蜗杆）类型，确定轴上有无轴向力，选择支承轴系的滚动轴承类型。

b. 确定轴系支承的轴向固定方式（双支点单向固定和单支点双向固定）及轴承的正、反装方式。

c. 根据齿轮圆周速度确定轴承的润滑方式（油润滑、脂润滑）及油环的种类。

d. 选择端盖形式（凸缘式、嵌入式）并考虑透盖处的密封方式（毡圈式、皮碗式、间隙式、迷宫式）、轴的支座及套杯形式。

e. 考虑轴上零件的定位和固定、轴承间隙调整、联轴器类型等问题。

f. 绘制轴系结构设计方案示意图。

④ 打开计算机，调出"创意组合式轴系结构设计仿真软件"，按轴系结构设计方案示意图，点击【零件库】选择需用零件，再点击【装配演示】自动装配成轴系，接着点击【爆炸演示】拆卸成零件，最后点击【装配训练】进行轴系装配。

⑤ 优化与修改设计方案，根据轴系结构设计方案示意图，在实验箱中选取需用零件组装成轴系，检查所设计组装的轴系结构是否正确。

⑥ 绘制轴系结构草图。

⑦ 测量零件结构尺寸，并做好记录。

⑧ 拆卸轴系，将所有零件放入实验箱内规定位置，交还所借工具。

⑨ 根据轴系结构草图及测量数据，在 3 号图纸上用 1∶1 比例绘制轴系结构装配图，要求装配关系表示正确，并注明必要的尺寸（如支承的跨距、齿轮直径与宽度、主要配合尺寸等），填写标题栏和明细表。

4.4.5 填写实验报告

（1）实验目的、设计题目、方案拟定。

（2）设计说明。

确定轴系结构设计方案的过程，分析其优缺点。

（3）绘制轴系结构装配图。

（4）思考并讨论。

① 为什么轴通常要做成中间大而两头小的阶梯形状？如何区分轴上的轴颈、轴头和轴身各轴段，它们的尺寸是如何确定的？对轴各段的过渡部分和轴肩结构有何要求？

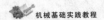

② 轴承采用什么类型？选择的根据是什么？它们的布置和安装方式有何特点？

③ 轴系固定方式是用"两端固定"还是"一端固定，一端游动"，为什么？如何考虑轴的受热伸长问题？

④ 轴承和轴上零件在轴上位置是如何固定的？轴系中是否采用了轴用弹性挡圈、轴端挡圈、锁紧螺母、紧定螺钉和定位套筒等零件，它们的作用是什么？

⑤ 传动零件和轴承采用何种润滑方式？轴承采用何种密封装置，有何特点？

⑥ 轴上的两个键槽或多个键槽为什么常常设计加工在一条直线上？

（5）设计方案改进建议。

4.4.6 轴系结构装配图图例

各类轴系结构如图 4-45 所示。轴系结构装配图图例见二维码。

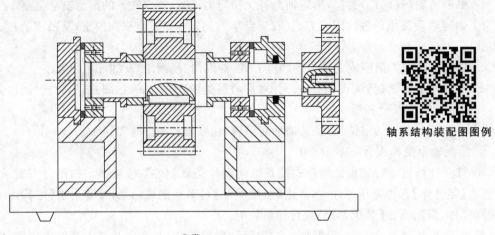

轴系结构装配图图例

(a) Ⅰ类

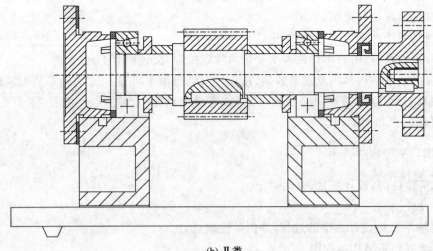

(b) Ⅱ类

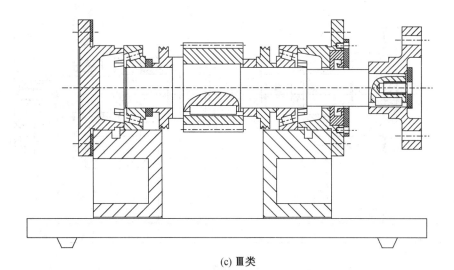

(c) Ⅲ类

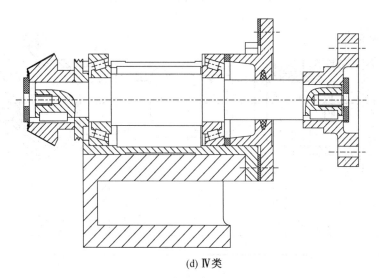

(d) Ⅳ类

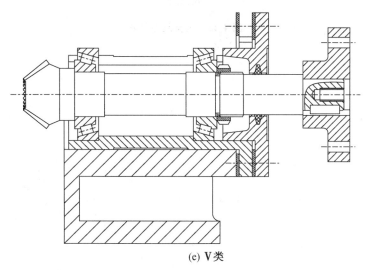

(e) Ⅴ类

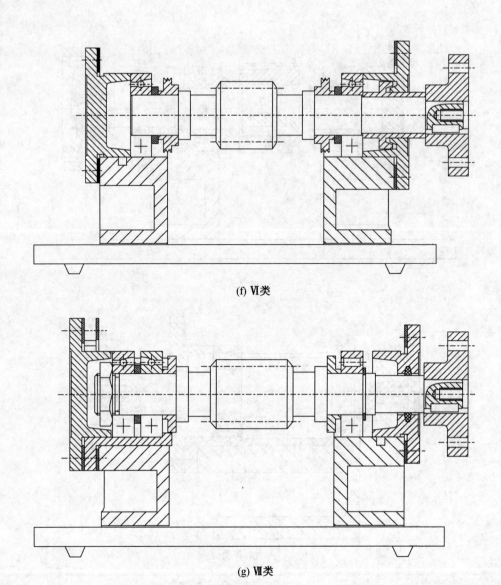

(f) Ⅵ类

(g) Ⅶ类

图 4-45　各类轴系结构

第 5 章　机械系统设计

5.1　概述

　　机械的种类是五花八门、十分繁多的,常见的机械有动力机械、生产机械、起重运输机械、建筑机械、矿山机械、林业机械、农业机械等。随着科学技术的发展,各类生产机械对速度和精度要求越来越高,同时要考虑环境保护、节省原材料、节约能源等问题,故一批又一批大量的采用机、电或机、电、液一体化以满足自动化生产新要求的新机械不断涌现。

　　尽管各种机械的结构和用途多种多样、千差万别,但大体上均由 4 部分组成:动力机、传动系统、执行机构和操纵控制装置,如图 5-1 所示。此外,为保证机械正常工作,还设有一些辅助装置,如润滑、冷却、安全保护、计数及照明装置等。

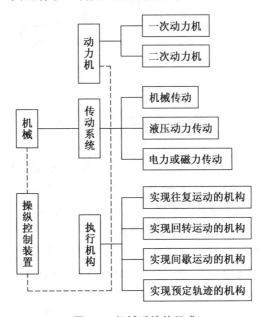

图 5-1　机械系统的组成

5.1.1　机械系统设计的一般原则

　　一台较复杂的机械在运转中常包括多个工艺动作,相互协调配合以完成预定的工艺目的。工艺目的及工艺动作确定之后,机械系统的设计主要包括动力机的类型、功率和额定转速的选择,运动变换机构的选择及协调各工艺动作的机械运动循环图的拟定。这些工作在很大程度上决定了所设计机构的性能、造价,因而是设计工作中关键的一环。机械系统

设计又是一项繁难的工作,它不但要求设计者有多方面的知识,还要求设计者要有广博的见识和丰富的经验。由于机构种类的繁多、功用各异,因此机械系统的设计难以找出共同的模式,这里讨论的仅是设计过程中的一般性原则。

5.1.1.1 机构尽可能简单

(1) 采用简短的运动链

拟定机械的传动系统或执行机构时,应优先选用构件数和运动副数量最少的机构,这样可以简化机器的构造,从而减轻重量,降低成本;此外,也可减少由于零件的制造误差而形成的运动链的累积误差,从而提高零件加工工艺性和增强机构工作可靠性;同时,运动链简短,也有利于提高机构的刚度,减少产生振动的环节。

考虑以上因素,在机构选型时,有时宁可采用有较小设计误差的简单近似机构,也不采用理论上无误差但结构复杂的机构。图 5-2 所示为 2 个直线轨迹机构,其中图 5-2a 为点 E 有近似直线轨迹的四杆机构,图 5-2b 为理论上点 E 有精确直线轨迹的八杆机构。实际分析表明,在保证同一制造精度条件下,后者的实际传动误差为前者的 2~3 倍,其主要原因在于运动副数目增多而造成运动累积误差增大。

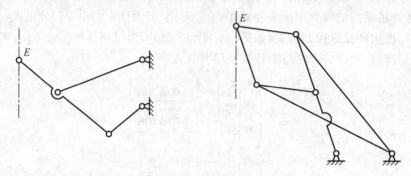

图 5-2　实现直线轨迹的机构

(2) 适当选择运动副

在基本机构中,高副机构只有 3 个构件和 3 个运动副,低副机构则至少有 4 个构件和 4 个运动副。因此,从减少构件数和运动副数,以及设计简便等方面考虑,应优先采用高副机构。但从低副机构的运动副元素加工方便、容易保证配合精度及有较高的承载能力等方面考虑,应优先采用低副机构。究竟选择何种机构,应根据具体设计要求全面衡量得失。一般情况下,先考虑低副机构,尽量少采用移动副(制造中不易保证高精度,运动时容易出现自锁),在执行构件的运动规律复杂、连杆机构很难完成精确设计时,应考虑采用高副机构。

5.1.1.2 有较高的机械效率

传动系统的机械效率主要取决于组成机械的各基本机构的效率和它们之间的联接方式。因此,当机械中含有效率较低的机构时,如蜗轮蜗杆传动装置,将降低机械的总效率。在机械传动中大部分功率是由主传动所传递,应力求使其具有较高的传动效率;而辅助传动链,如进给传动链、分度传动链、调速换向传动链等所传递的功率很小,其传动效率的高低对整个机械的效率影响较小。对辅助传动链主要着眼于简化机构、减小外部尺寸、力求操作方便、安全可靠等要求。

5.1.1.3　合理安排传动顺序

机械的传动系统和执行机构一般均由若干基本机构和组合机构组成,它们的结构特点和传动作用各不相同,应按一定规律合理的安排传动顺序。一般将减速机安排在运动链的起始端,尽量靠近动力机,例如采用带有减速装置的电动机,将变换运动形式的机械安排在运动链的末端,使其与执行构件靠近,如将凸轮机构、连杆机构、螺旋机构等靠近执行构件布置;将带传动类型的摩擦传动安排在运动链中的转速高的起始端,可以缓冲吸振、减小传递的转矩、降低打滑的可能性。在传递同样转矩的条件下,与其他传动形式比较,摩擦传动机构尺寸比较大,为了减小其外部尺寸,应将其布置在运动链的起始端。传动链中采用圆锥齿轮时,考虑到圆锥齿轮制造较困难,造价高,应避免用大尺寸的圆锥齿轮,而应采用较小的圆锥齿轮,且应布置在运动链中转速较高的位置。

上述顺序安排只是一般性的考虑,具体安排时,需要同时考虑的因素较多,如充分利用空间、降低传动噪音和振动,以及装配维修的方便等,相关的各因素都要权衡利弊给予适当的考虑。

5.1.1.4　合理分配传动比

运动链的总传动比应合理地分配到各级传动机构,既充分利用各种传动机构的优点,又能利于尺寸控制以得到结构紧凑的机械。每一级传动机构的传动比应控制在其常用的范围内。如果某一级传动比过大,则对其性能和尺寸都将有不利的影响。所以,当齿轮传动比大于 8~10 时,一般应设计为两级传动;当传动比在 30 以上时,常设计两级以上的齿轮传动。但是由于外部尺寸较大,实际很少采用多级传动。

电动机的转速一般都超过执行构件所需要的转速,因此需要采用减速传动系统。这时,对于减速运动链应按照"前小后大"的原则分配传动比,而且相邻两级传动比的差值不要相差太大。安排这种逐级减速的运动链,可使各级中间轴有较高的转速及较小的转矩,因此可选用尺寸较小的轴径、轴承、油封等零件。

5.1.1.5　保证机械安全运转

设计机械的传动系统和执行机构,必须充分重视机构的安全运转,防止发生人身事故或损坏机械构件的现象出现。一般在传动系统或执行机构中设有安全装置、防过载装置、自动停机等装置。例如,在起重机的起吊部分必须防止在载荷作用下发生倒转而造成起吊物件突然下落砸伤工人或损坏货物的后果,所以在传动链中应设置具有足够自锁能力的机构或有效的制动器;又如,为防止机械因短时过载而损坏,可采用具有过载打滑的摩擦传动装置或设置安全联轴器和其他安全过载装置。

在某些机械中,各执行构件的运动是彼此独立的,所以,在设计传动系统和执行机构时不必考虑它们之间运动的协调。例如,起重机吊钩的起落、吊杆的摆动是各自独立的,并不存在协调配合的问题,故将其设计成各自独立的运动链,而且可以采用不同的动力机。在另外一些机构中,各执行构件间必须保持严格的协调配合、准确的传动比关系和动作的协调,否则无法完成生产工艺要求。例如,齿轮加工机床按范成法切制齿轮时,刀具和轮坯的范成运动必须保持某一恒定的传动比,这样才能保证切制出所要求的齿数;又如,在车床上车制螺纹时,必须保证主轴带动工件的转动速度和刀架上刀具的走刀速度按一定的速度比运转,否则难以加工出工艺所要求的螺纹。为保证这些执行机构和执行构件之间具有严格的传动比,而且能协调动作,应当将相互有关的运动链共用一个动力机驱动。

5.1.2　机械系统设计的一般步骤

设计机械过程并没有一个通用的固定的程序,而是须按具体情况确定。机械设计的一般过程可分为产品规划(概念设计)、总体方案设计、结构技术设计、生产施工设计(工艺设计)和改进设计 5 个阶段,见表 5-1。

表 5-1　机械产品设计过程

设计阶段	工作内容		形成文件
产品规划概念设计	选题	选择设计对象、提出设计题目(设想)	
	调研和预测	市场调查:进行需求、购买行为分析,做销售量预测及市场占有率预测;进行经济、社会环境分析,做产品社会效益及产品生命周期预测;进行政策、法规分析,做产品生产和销售可能性预测 技术调查:进行产品设计、制造的新技术、新材料的调研,掌握有关产品的国内外水平和发展趋势,做技术可行性预测及产品成本预测	调研报告
	确定对策	从经济、技术、市场各方面论证新产品开发的必要性和产品设计、制造、销售上各项措施实施的可能性	产品开发可行性论证报告
	确定设计任务	明确设计目标及需要达到的功能目标和性能指标	设计任务书
总体方案设计	目标分析和功能原理设计	根据设计任务书中规定的设计任务进行功能目标分析,做出工艺动作的分解,明确各个工艺动作的工作原理,提出设计、工艺等方面需要解决的关键问题	功能原理及功能结构方案
	方案设计	拟定总体方案和基本性能参数、结构参数,进行执行系统、传动系统的设计,选择原动机。对完成各工艺动作和工作性能的执行机构的运动方案进行全面创新构思,对各可行方案进行运动规律设计、机构型式设计和协调设计	总体方案示意图,机械系统运动简图,运动循环图,总体方案设计计算说明书
	方案评价与决策	对各可行方案进行运动分析、动力分析及有关计算,模拟设计试验,以进行功能、性能评价和技术、经济评价。在可行方案群中选择最优方案,确认其总体设计方案	
结构技术设计	结构方案拟定	根据经济性、稳定性、运输安装、管理维修、环境保护等因素,拟定执行系统、传动系统的结构方案及与原动机之间联接的方案可靠性	
	造型设计	从人机工程、民族风格、用户心理感受、易操作性及美学观念出发,进行产品造型、色彩表面处理的设计	

续表

设计阶段		工作内容	形成文件
结构技术设计	结构设计及材料选择	从加工工艺、装配工艺性、摩擦润滑、振动噪音、传热、腐蚀等因素出发,设计零部件的结构,确定各零件的相对位置、结构型式及联结方法	
		根据运动、动力计算及强度和刚度计算,选择零件材料、热处理方法和要求,确定零部件各部分的形状、尺寸公差、精度及制造安装的技术条件。确定外购的标准件、元器件规格和技术要求	
	设计图绘制	绘制总装配图、各类系统图(包括执行系统、传动系统、控制系统、润滑系统、气液压系统、电路系统)、部件装配图和零件图,编制设计计算说明书	详细设计图纸及设计说明书
施工工艺设计	工艺设计	进行加工工艺、装配工艺设计,制定工艺流程及零部件检验标准	工艺文件及工装设计图
	工装设计	进行加工、装配时必需的工具、量具、夹具和模具的设计,包括必要的专用加工设备及装置的设计	
	施工设计	制定装配调试、试运行及性能测试的步骤及各阶段的技术指标;制定包装、运输、基础安装的要求;确定随机器提供的备件、专用工具明细表	产品使用说明书
改进设计阶段		引入并行设计观念,将前面各阶段的评价信息反馈到新一轮的设计中,进行改进设计	

此外,对一些自动化机械,还需要对其电力系统和电子控制系统进行设计。当然,作为一部大的机械设备,经施工设计并加工好样机后,还必须实地应用检验,只有达到全部性能指标要求,才可定型生产。

5.2 执行机构协调的运动方案设计

5.2.1 机械系统运动方案的构思

在多数情况下,机械不只由某一个简单机构所组成,而是由多种机构组成的系统,这些机构彼此协调配合以实现该机器的特定任务。图 5-3 所示为自动传送装置,包含带传动机构、蜗轮蜗杆机构、凸轮机构和连杆机构等。当电动机转动通过上述各机构的传动而使滑杆左移时,滑杆的夹持器的动爪和定爪将工件夹住;而当滑杆带着工件向右移动到一定位置时(如图 5-3b 所示),夹持器的动爪受挡块的压迫将工件松开,于是工件落于载送器中被送到下道工序。

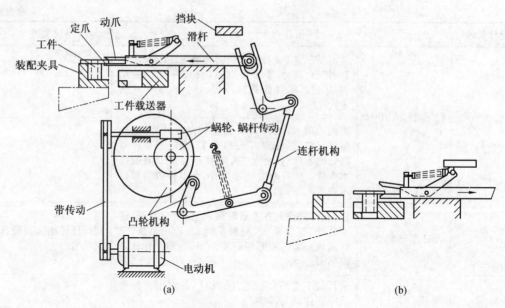

图 5-3　自动传送装置

设计新机器时,完整的设计过程包括运动设计、动力设计和强度结构设计。首要的问题是运动设计,或称为运动方案设计,它一般包括:根据机械的用途确定机械所要求的动作、运动变换形式及运动规律等,由此选用常用机构或设计新的机构以实现其运动要求;选定原动件,用传动机构把原动机和执行机构联系起来;确定原动件、执行机构与传动机构的参数。

运动方案设计的优劣、成败将直接影响机械的使用效果、结构的繁简程度、产品的成本高低。运动方案的设计步骤如图 5-4 所示。

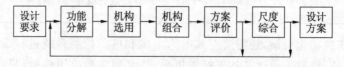

图 5-4　运动方案的设计步骤

具体步骤:

(1) 功能分解

将给出的复杂运动要求及外部约束条件分解成基本运动、动作及其限制条件。

(2) 机构选用

选定完成这些运动或功能的相应的常用机构。

(3) 机构组合

合成各个基本运动,得到不同的合成方案,再按合成方案根据不同的组合,便可得到若干种机械运动的设计方案。

(4) 方案评价

对这些方案进行性能分析与评价,以选择 1~2 种较为满意的方案。

(5) 尺度综合

对初选的方案进行机构设计,确定其运动学参数。

实际设计过程中,上述各步骤往往是平行、交叉或反馈进行的。

5.2.2　执行机构运动方案的拟定

5.2.2.1　执行机构的运动形式与基本机构

为使执行机构满足机器的功能要求,首先应将机器的总功能分解成若干个分功能,每个分功能由一个机构去完成,执行构件根据机构的功能要求完成规定的动作。按运动有无往复性和间歇性,基本运动分为单向转动、往复摆动、单向移动、往复移动和间歇运动。曲线运动则是由两个或两个以上基本运动合成的复合运动。

原动机的种类繁多,随着现代控制技术的发展,新型电动机(如变频电动机、伺服电动机、直线电动机等)的出现在许多场合已可大大简化传统的机械传动链,因此设计中可创造性地选用新型电动机。原动机最普遍的运动形式是转动,当原动机运动的单一性与生产要求执行构件具有的运动多样性之间存在矛盾时,可应用各种不同的机构进行运动变换。运动变换包括运动形式、运动速度和运动方向的变换及运动合成(或分解)等。实现运动变换的基本机构类型、特点及适用性见表 5-2。

表 5-2　基本机构类型、特点及适用性

机构名称		运动变换	特点	适用范围或应用举例
平面连杆机构		可将单向转动变换为往复摆动或移动,一般具有运动可逆性	① 改变各构件相对长度可实现不同的运动要求,传动距离较远 ② 连杆曲线可满足不同的轨迹设计要求 ③ 可实现急回运动规律,但不易获得匀速运动或其他任意运动规律,传动不平稳,冲击与振动较大 ④ 低副机构,磨损小,承载能力高 ⑤ 结构简单,制造容易,工作可靠	用于从动件行程较大或承受重载的工作场合,可以实现运动形式和运动速度的变换,如移动、摆动等复杂运动规律或运动轨迹;不适于高速运动
凸轮机构	盘形凸轮移动凸轮	可将凸轮的转动(往复移动)变成推杆的往复移动或摆动	① 结构紧凑,工作可靠,调整方便,推杆可实现预期任意运动规律的往复运动 ② 高副接触,易磨损,承载不宜太大 ③ 受压力角和机构紧凑性限制,推程不宜太大 ④ 动载荷较大,传动效率较低	适用于从动件行程较小和载荷不大及要求特定运动规律的场合,如各种机械的控制及辅助传动应用于自动机床、印刷机械等自动、半自动机械中
	圆柱凸轮	可将凸轮的转动变成与之垂直方向的往复移动或摆动		
间歇运动机构	棘轮机构	可将往复摆动变为间歇地转动	可实现有单向停歇地转动,但高速运动时冲击、噪声较大	用于各种转位机构或进给机构,适于低速机械
	槽轮机构不完全齿轮机构	可将单向连续转动变为单向停歇地转动		

续表

机构名称		运动变换	特点	适用范围或应用举例
斜面机构		将移动变为另一方向的移动,斜面升角 $\lambda \leq$ 摩擦角 φ_v 时,有自锁性	① 面接触,可承受较大的载荷 ② 位移小,增力较大 ③ 效率低	斜面压力机
螺旋机构		将转动变为与之垂直方向的移动,螺纹升角 $\lambda \leq$ 摩擦角 φ_v 时,有自锁性	传动平稳无噪声,减速比大,可实现转动与直线移动互换;滑动螺旋可做成自锁螺旋机构,工作速度一般很低,只适用于小功率传动	多用于要求微动或增力的场合,如机床夹具、台虎钳、螺旋压力机、千斤顶等仪器、仪表;还用于将螺母的回转运动转变为螺杆的直线运动的装置
摩擦轮机构	圆柱摩擦轮	可传递两平行轴运动	① 靠两轮间摩擦传递运动和动力,结构简单 ② 传动平稳无噪声,具有过载保护性 ③ 轴和轴承受力较大,工作表面有滑动,而且磨损较快;高速传动时寿命较低,效率低	用于传动比要求不严格、载荷不大的高速传动仪器及手动装置,以传递回转运动
摩擦轮机构	圆锥摩擦轮	可传递两相交轴运动	① 靠两轮间摩擦传递运动和动力,结构简单 ② 传动平稳无噪声,具有过载保护性 ③ 轴和轴承受力较大,工作表面有滑动,而且磨损较快;高速传动时寿命较低,效率低	用于传动比要求不严格、载荷不大的高速传动仪器及手动装置,以传递回转运动
齿轮机构	圆柱齿轮	传递两平行轴匀速运动	① 瞬时转动比恒定 ② 传递功率大、速度高 ③ 精度高、效率高、寿命长	广泛用于各种机械的传动系统和变速机构中,用以变换速度大小和运动轴线的方向
齿轮机构	锥齿轮	可传递两相交轴匀速运动	① 瞬时转动比恒定 ② 传递功率大、速度高 ③ 精度高、效率高、寿命长	广泛用于各种机械的传动系统和变速机构中,用以变换速度大小和运动轴线的方向
齿轮机构	交错轴斜齿轮	可传递两相错轴匀速运动	点接触、易磨损、承载能力小	广泛用于各种机械的传动系统和变速机构中,用以变换速度大小和运动轴线的方向
齿轮机构	蜗杆蜗轮		传动比大、平稳、发热量大、效率低	广泛用于各种机械的传动系统和变速机构中,用以变换速度大小和运动轴线的方向
摩擦带传动	V 带传动	可变换运动速度	① 工作平稳、无噪声,能缓冲吸振 ② 摩擦传动,具有过载保护性能 ③ 有弹性滑动,传动精度低 ④ 结构简单,安装要求不高,轴间距离较大,外廓尺寸较大 ⑤ 摩擦易起电,不宜用于易燃、易爆的场合,轴和轴承受力较大,传动带寿命较短	可实现较远距离的传动,适于较高转速
摩擦带传动	平带传动	可变换运动速度和方向	① 工作平稳、无噪声,能缓冲吸振 ② 摩擦传动,具有过载保护性能 ③ 有弹性滑动,传动精度低 ④ 结构简单,安装要求不高,轴间距离较大,外廓尺寸较大 ⑤ 摩擦易起电,不宜用于易燃、易爆的场合,轴和轴承受力较大,传动带寿命较短	可实现较远距离的传动,适于较高转速
链传动	滚子链传动	可变换运动速度	① 啮合传动,平均传动比为常数,有多边形效应,运动均匀性较差;瞬时运转速度不均匀,高速时不如带传动平稳 ② 工作可靠,轴上载荷较小,轴向距离较大,对恶劣环境有较强的适应能力,链条工作时因磨损变长后容易引起共振,一般需增设张紧和减振装置	可实现较远距离的传动,适于低速传动

5.2.2.2 机构创新设计

基本机构所能实现的运动规律或运动轨迹都具有一定的局限性,为使机构满足复杂的运动规律要求并扩大其使用范围,可对基本机构进行演化或采用组合等方式创造出新的机构。设计者可以采用创新构型的方法重新构筑机构的形式,这是比机构选型更具有创造性的工作。

机构创新构型的基本思路是:以通过选型初步确定的机构方案为雏形,通过组合、变异、再生等方法进行突破,从而获得新的机构。机构创新构型的方法很多,下面介绍几种常用方法。

(1)利用组合原理构型新机构

机器可用来减轻人们繁重的体力劳动,执行机构需要实现人们在劳动中的各种动作,如转动、移动、摆动、间歇及预期的轨迹等。随着生产的发展及机械化、自动化程度的提高,对机器运动规律和动力特性都提出了更高的要求。简单的齿轮、连杆和凸轮等机构往往不能满足上述要求。如连杆机构难以实现一些特殊的运动规律;凸轮机构虽然可以实现任意运动规律,但行程不可调;齿轮机构虽然具有良好的运动和动力特性,但运动形式简单;棘轮机构、槽轮机构等间歇运动机构的运动和动力特性均不理想,具有不可避免的速度、加速度波动,以及冲击和振动。为了解决这些问题,可以将两种以上的基本机构进行组合,充分利用各自的良好性能,改善其不良特性,创造出能够满足原理方案要求的、具有良好运动和动力特性的新型机构。

组合机构的类型很多,每种组合机构具有各自特有的组合、尺寸综合及分析设计方法。组合机构结构比较复杂,设计计算繁,研究比较困难。随着计算机和现代设计方法的发展,极大地推动了组合机构的研究,目前许多场合都在应用,尤其是各种自动机器和自动生产线。

① 齿轮-连杆机构

a. 实现间歇传送运动

图 5-5 所示为间歇传送机构,一对曲柄 3 与 3′ 由齿轮 1 经两个齿轮 2 与 2′ 推动同步回转,曲柄使连杆 4(送料动梁)平动,5 为工作滑轨,6 为被推送的工件。由于动梁上任意一点的运动轨迹如图中点画线所示,故可间歇地推送工件。该机构常用于自动机的物料间歇送进,如冲床的间歇送料机构、轧钢厂成品冷却车间的钢材送进机构、糖果包装机的送纸和送糖条等机构。

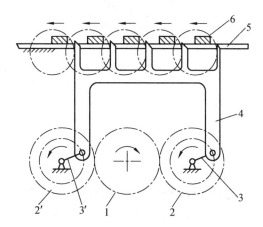

1,2,2′—齿轮;3,3′—曲柄;4—连杆;5—工作滑轨;6—工件

图 5-5 齿轮-连杆间歇传送机构

b. 实现大摆角、大行程的往复运动

设计曲柄摇杆机构时，因为许用传动角，摇杆的摆角常受到限制，如果采用图 5-6 所示的曲柄摇杆机构和齿轮机构构成的组合机构，则可增大从动件的输出摆角。该机构常用于仪表中将敏感元件的微小位移放大后送到指示机构(指针、刻度盘)或输出装置(电位计)等的场合。

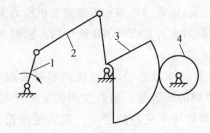

1,2,3—曲柄；4—齿轮

图 5-6 用以扩大摆角的连杆-齿轮机构

c. 较精确的实现给定的运动规律

图 5-7 为振摆式轧钢机轧辊驱动装置中使用的齿轮-连杆组合机构，主动齿轮 1 转动时，带动齿轮 2 和 3 转动，通过五杆机构 $ABCDE$ 使连杆上的点 M 实现如图所示的复杂轨迹，从而使轧辊的运动轨迹符合轧制工艺的要求。调节两曲柄 AB 和 DE 的相位角，可方便地改变点 M 的轨迹，以满足轧制生产中的不同工艺要求。

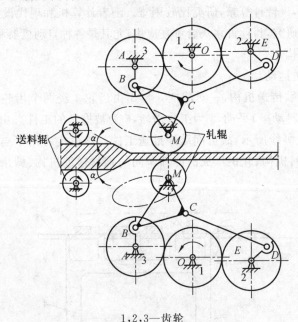

1,2,3—齿轮

图 5-7 振摆式轧钢机轧辊驱动装置示意图

② 凸轮-连杆机构

凸轮-连杆机构较齿轮-连杆机构更能精确的实现给定的复杂运动规律和轨迹。凸轮机构虽然也可以实现任意给定运动规律的往复运动，但在从动件做往复摆动时受到压力角的限制，其摆角不能太大。将简单的连杆机构与凸轮机构组合起来可以克服上述缺点以达到比较好的效果。图 5-8 所示为平板印刷机上吸纸机构的运动示意图。该机构由自由度为 2

118

的五杆机构和两个自由度为 1 的摆动从动件凸轮机构组成。两个盘形凸轮固接在同一转轴上,工作时要求吸纸盘 P 按图示点画线轨迹运动。当凸轮转动时,推动从动件 2 和 3 分别按要求运动规律运动,并带动五杆机构的两个连架杆,使固接在连杆 5 上的吸纸盘 P 按要求的矩形轨迹运动,以完成吸纸和送进等动作。

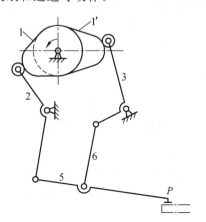

1,1′—凸轮;2,3—摆杆;4,5—连杆

图 5-8　吸纸机构运动示意图

③ 齿轮-凸轮机构

齿轮-凸轮机构常以自由度为 2 的差动轮系为基础机构,并用凸轮机构为附加机构。后者使差动轮系中的两构件有一定的运动联系,约束掉一个自由度,组成自由度为 1 的封闭式组合机构。齿轮-凸轮机构主要应用于以下场合:

a. 实现给定运动规律的变速回转运动

齿轮、双曲柄和转动导杆机构虽能传递匀速和变速转动,但无法实现任意给定的运动规律的转动,而图 5-9 由齿轮和凸轮组合而成的组合机构,却能实现这一要求。图中系杆 3 为原动件,齿轮 1 为输出件。摆杆 2′ 与行星轮 2 固接,由于固定凸轮的作用,行星轮 2 相对系杆 3 产生往复摆动,使齿轮 1 得到预期的变速转动。

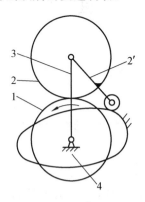

1,2—齿轮;3—系杆;2′—摆杆;4—机架

图 5-9　实现变速转动的齿轮-凸轮机构

b. 实现给定运动轨迹

图 5-10 齿轮-凸轮机构可用来实现给定的运动轨迹。原动件是传动比为 1 的一对齿轮

中的 1 或 2,摆杆 3 和构件 1 以转动副 A 相铰接,齿轮 2 上点 B 的滚子在摆杆 3 的曲线槽中运动,从而使摆杆 3 上的点 P 实现给定的轨迹。

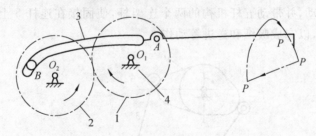

1,2—齿轮;3—摆杆;4—机架

图 5-10 实现给定的运动轨迹的齿轮-凸轮机构

(2) 利用机构的变异构型新机构

为了实现一定的工艺动作要求或为了使机构具有某些特殊的性能而改变现有机构的结构,演变发展出新机构的设计称为机构变异构型。机构变异构型的方法很多,下面介绍几种常用的变异构型的方法。

① 机构的倒置

机构的运动构件与机架的转换称为机构的倒置。按照运动相对性原理,机构倒置后各构件间的相对运动关系不变,但可以得到不同特性的机构。

例如,铰链四杆机构在满足曲柄存在的条件下取不同构件为机架,可以分别得到双曲柄机构、曲柄摇杆机构、双摇杆机构。若将定轴圆柱内啮合齿轮机构的内齿轮作为机架,则可得到如图 5-11 所示的行星齿轮机构。由此可见,用机构倒置的原理研究现有机构,可以发现它们的内在联系;同时,采用机构倒置的变异构型方法,可以设计出新的机构。

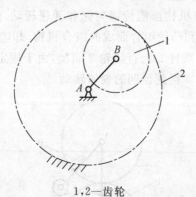

1,2—齿轮

图 5-11 内啮合齿轮机构倒置的行星轮系

② 机构的扩展

以原有机构作为基础,增加新的构件而构成一个新机构,称为机构的扩展。机构扩展后,原有各构件间的相对运动关系不变,但所构成的新机构的某些性能与原机构有很大差别。

图 5-12 所示为两种抓斗机构,图 5-12a 由行星轮系 1—2—3 和两边对称布置的杆 4 和 5 组成。1,2 为齿轮,3 为系杆。系杆扩展为抓斗的左侧爪,齿轮 2 扩展为抓斗的右侧爪,再加上对称的两边连杆 4 和 5,可使左、右两侧爪对称动作。绳索 6 可控制两侧爪的开或闭。这

一新型的抓斗机构创新构型应用了简单的周转轮系,将齿轮、系杆 3 的形状和功能加以扩展,是利用两构件的运动关系而构成的。图 5-12b 是将两摇杆滑块机构组成完全对称的形式,当拉动滑块 4 上下运动时,使构成左、右抓斗的连杆 3 闭合和开启,以装卸散状物料。两种机构均利用了机构扩展的原理,使构型处的机构简单、适用。

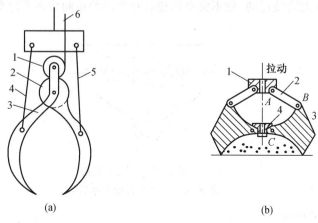

(a)	(b)
1,2—齿轮;3—系杆;4,5—连杆;6—绳索	1,2—摇杆;3—连杆;4—滑块

图 5-12 抓斗机构

③ 机构局部结构的改变

改变机构的局部结构,可以获得有特殊运动特性的机构。图 5-13 所示为一种左边极限位置附近有停歇的导杆机构。该机构之所以有停歇的运动性能,是因为将导杆槽的中线某一部分做成了圆弧形,而圆弧半径等于曲柄长度,圆心在点 O_1。

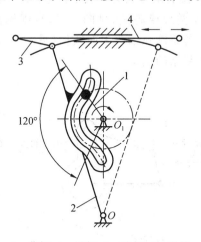

1—曲柄;2—导杆;3—连杆;4—滑块
图 5-13 有停歇特征的导杆机构

④ 机构结构的移植和模仿

将一机构中的某种结构应用于另一种机构中的设计方法,称为结构的移植。利用某一结构特点设计新机构,称为结构的模仿。

要有效地利用结构的移植和模仿构型出新的机构,必须注意了解、掌握一些机构之间实质上的共同点,以便在不同条件下灵活运用。例如,圆柱齿轮的半径无限增大时,齿轮演

变为齿条,运动形式由转动演变为直线移动。运动形式虽然改变,但齿廓啮合的工作原理却没有改变,这种变异方式,可视为移植中的变异。掌握了机构之间的这一实质性的共同点,可以开拓直线移动机构的设计途径。

图 5-14 所示的不完全齿轮齿条机构可视为由不完全齿轮机构移植变异而成。此机构的主动齿条做往复直线运动,使不完全齿轮 2 在摆动的中间位置有停歇。

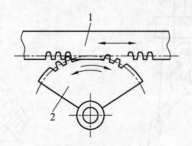

1—齿条;2—不完全齿轮

图 5-14　不完全齿轮齿条机构

⑤ 运动副的变异

改变机构中运动副的形式,可构型出不同运动性能的机构。运动副的变换方式有很多种,常用的有高副与低副之间的变换、运动副尺寸的变换和运动副类型的变换。

高副与低副之间的变换方法在机械原理教材中有详细的介绍。图 5-15 所示为运动副尺寸变化和类型变换的例子。铰链四杆机构(见图 5-15a)通过运动副 D 尺寸的变化(见图 5-15b)并截割成图 5-15c 所示的滑块形状,然后再使构件 3 的尺寸变长,即 DC 变长,则圆弧槽的半径随之增大,到 DC 趋近于无穷大时,圆弧槽演变为直槽(见图 5-15d)。若图 5-15c 的构件 3 改成滚子,它与圆弧槽形成高副(见图 5-15e),则构件 2 的运动与图 5-15a 和图 5-15c 所示机构的运动相同。若将圆弧槽改为曲线槽(见图 5-15f),形成以凸轮为机架的凸轮机构,则构件 2 将得到更为复杂的运动。

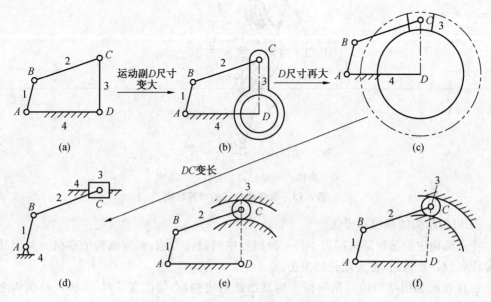

图 5-15　运动副尺寸变化和类型变换

5.2.3　机构类型选择的一般要求

（1）实现机器的功能要求

机器的功能要求是选择机构类型的先决条件,且满足这一条件的机构也只是待选方案,还应通过进一步分析、比较做出选择。

（2）满足机器的性能要求

机构运动方案的多解性使设计者可以拟定出许多不同的方案,但它们彼此性能差异可能十分悬殊。从运动性能来看,应选择实现所需运动规律、运动轨迹、运动参数准确度高的机构,对有急回、自锁、增程、增力或利用死点位置要求的,也应选择具有相应性能且可靠性高的机构。从动力性能来看,应选择传力性能好,冲击、振动、磨损、变形小和运动平稳性好的机构。

（3）满足经济性要求

为减少能耗,应优先选用机械效率高的机构,而且机构运动链要尽量短,即构件和运动副数目要尽可能少。

此外,所选机构类型还应符合生产率高、体积小、工艺性好、易于维修保养等技术经济要求。

5.2.4　执行机构运动方案确定

5.2.4.1　机构的选择与评价

将机械总的功能分解为各执行机构的运动后,应考虑选用哪种类型的机构来实现。选择机构时,可按照运动形式、运动速度和运动方向变换等需要选取合适的机构。例如,冲压机的冲压机构,根据功能要求,考虑功能参数(如生产率、生产阻力、行程和行程速比系数等)及约束条件,可以构思出一系列运动方案。如图 5-16 所示即为运用机构组合法构思出的适合功能要求的机构,图中方案 3,4,5,6 等就是运用机构串联组合法构思出来的。对现有功能类似机械中的机械进行分析,取其精华,在继承的基础上构思出适合设计要求的机构,这样便可以构思出众多满足运动要求的机构方案。对这些方案应根据机构选择的一般要求,从机构功能、功能质量和经济适用性 3 个方面列出相关项目进行分析比较,从中选出最佳方案。对难以直接做出判断的,经定量评价再选出最佳方案。

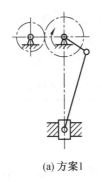 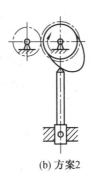

(a) 方案1　　　　　　　　　　(b) 方案2

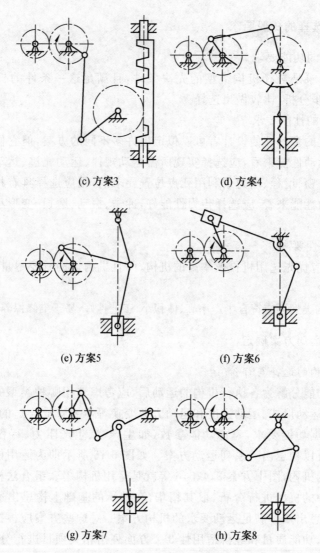

(c) 方案3　　　　　　　　(d) 方案4

(e) 方案5　　　　　　　　(f) 方案6

(g) 方案7　　　　　　　　(h) 方案8

图 5-16　冲压机构运动方案

对以上方案初步分析见表 5-3。从表中的分析结果不难看出,方案 1,2,3,4 的性能明显较差;方案 6 尚可行,方案 5,7,8 有较好的综合性能,且各有特点,这 3 个方案可作为被选方案,待运动设计、运动分析和动力分析后,通过定量评价选出最优方案。

表 5-3　冲压机构部分运动方案定性分析

方案号	主要性能特征											
	功能		功能质量					经济适用性				
	运动变换	增力	加压时间①	一级传动角②	二级传动角	工作平稳性	磨损与变形	效率	复杂性	加工装配难度	成本	运动尺寸
1	满足	无	较短	较小	—	一般	一般	高	简单	易	低	最小

续表

方案号	主要性能特征										
	功能		功能质量					经济适用性			
	运动变换	增力	加压时间①	一级传动角②	二级传动角	工作平稳性	磨损与变形	效率	复杂性	加工装配难度	成本	运动尺寸
2	满足	无	长	小	—	有冲击	剧烈	较高	简单	较难	一般	较小
3	满足	弱	较长	小	大	较平稳	一般	高	复杂	最难	较高	大
4	满足	强	短	较大	—	平稳	强	低	最复杂	最难	较高	较大
5	满足	强	较长	小	较大	一般	一般	高	较简单	易	低	最大
6	满足	较强	较短	最大	较大	一般	一般	高	较简单	较难	低	较大
7	满足	较强	较长	大	很大	一般	一般	高	较简单	易	低	较大
8	满足	较强	较长	较大	大	一般	一般	高	较简单	易	低	较大

注：① 加压时间是指在相同施压距离内，下压模移动所用的时间，越长则越有利；
　　② 一级传动角指四杆机构的传动角，二级传动角指六杆机构中后一级四杆机构的传动角；
　　③ 评价项目应因机构功能不同而有所不同。

5.2.4.2 执行机构运动方案形成

机器中各工作机构都可按上述方法构思并进行评价，以从中选出最佳的方案。将这些机构有机地组合起来，便形成一个运动和动作协调配合的机构系统。为使各执行构件的运动、动作在时间上相互协调配合，各机构的原动件通常由同一构件（分配轴）统一控制。

例如冲压机，冲压机构用图 5-16 的方案 5，送料机构采用凸轮机构与摇杆滑块机构组合。由于送料动作与冲压动作必须协调一致，故将冲压机构的原动件曲柄与送料机构的原动件凸轮由同一构件（分配轴）统一控制而组成冲压机构系统，如图 5-17 所示。

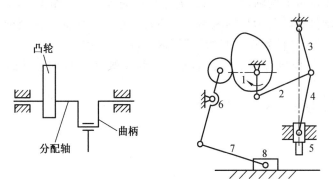

1—曲柄；2,4,7—连杆；3,6—摆杆；5,8—滑块

图 5-17　冲压机执行机构运动方案

5.2.4.3 各执行构件间运动的协调设计及机械的工作循环图

当机械对各执行构件之间的动作无严格协调配合要求时，为简化机构，方便布置，经技术经济评价后，各机构也可单独设原动机驱动。工作机各机构的动作要求协调配合时，通常用工作循环图表明在机械的一个工作循环中各机构的运动配合关系。由工作循环图确

机械基础实践教程

定的机构协调运动参数,是各机构运动设计的必要条件之一,也是机械系统装配及调试的重要依据。

用来描述各执行构件运动间相互协调配合的图称为机械的工作(运动)循环图(见表 5-4)。工作(运动)循环图一方面可表示出各执行机构间的时序协调关系,另一方面,某些机械的多个执行构件在完成同一任务时,需有准确而协调的运动时间和运动顺序的安排,以防止出现某一执行构件工作不到位或两个以上执行构件在同一空间发生干涉。

表 5-4　机械的工作(运动)循环图

	形式	绘制方法	特点
工作(运动)循环图的形式	直线式	将机械在一个运动循环中各执行构件各行程区段的起止时间和先后顺序按比例绘制在直线坐标轴上	绘制方法简单,能清楚表示一个运动循环中各执行构件运动的顺序和时间关系;直观性差,不能显示各执行构件的运动规律
	圆周式	以极坐标系原点为圆心做若干同心圆,每个圆环代表一个执行构件,由各相应圆环引径向直线表示各执行构件不同运动状态起始和终止位置	能比较直观地看出各执行机构主动件在主轴或分配轴上的相位;当执行机构多时,同心圆环太多,无法做到一目了然,无法显示各构件的运动规律
	直角坐标式	用横坐标表示机械主轴或分配轴转角,纵坐标表示各执行构件的角位移或线位移,各区段之间用直线相连	不仅能清楚地表示各执行构件动作的先后顺序,而且能表示各执行构件在各区段的运动规律
工作(运动)循环图的功能	保证各执行构件的动作相互协调、紧密配合,使机械顺利实现预期的工艺动作		
	为进一步设计各执行机构的运动尺寸提供了重要依据		
	为机械系统的安装调试提供了依据		

由于机械在主轴或分配轴转动一周或若干周内完成一个工作循环,故工作(运动)循环图常以主轴或分配轴的转角为坐标来编制。通常选取机械中某一主要的执行构件为参考件,取其有代表性的特征位置作为起始位置(通常以生产工艺的起始点作为工作循环的起始点),由此来确定其他执行构件的运动相对于该主要执行构件运动的先后次序和配合关系。

图 5-18 是牛头刨床的 3 种工作循环。

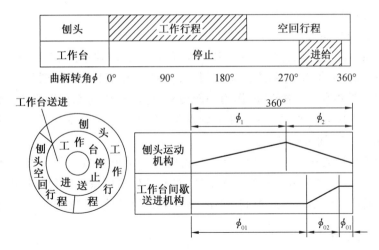

图 5-18　牛头刨床的 3 种工作循环

5.3　原动机的选择

5.3.1　原动机的类型及特点

原动机是机器中运动和动力的来源,执行机构的输入运动是由原动机经过变速或运动形式转换而获得的。原动机的运动参数和运动输入形式直接影响整个机构传动系统的繁简程度。目前工程中常用的原动机主要有以下几种类型。

（1）内燃机

内燃机的种类很多,按燃料种类分,可分为柴油机、汽油机和煤油机等;按一个工作循环中的冲程数,可分为四冲程和二冲程内燃机;按气缸数目,可分为单缸和多缸内燃机;按主要机构的运动形式,可分为往复活塞式和旋转活塞式内燃机。其优点是:功率范围宽、操作简便、启动迅速,适用于没有电力供应或需在远距离运动中提供动力且对运动精度要求不高的场合,多用于工程机械、农业机械、船舶、车辆等;缺点是:对燃油的要求高、排气污染环境、噪声大、结构复杂。

（2）液压马达

液压马达又称油马达,它是把液压能转变为机械能的动力装置。其主要优点是:可获得很大的动力和转矩,可通过改变油量来调节执行机构的速度,易进行无级调速,能快速响应,操作控制简单,易实现复杂工艺过程的动作要求。缺点是:要求有高压油的供给系统和较高的液压系统制造装配,否则易影响效率和运动精度,成本及维护管理费用也较高,且对环境有一定污染。

（3）气动马达

气动马达是以压缩空气为动力,将气压能转变为机械能的动力装置,常用的有叶片式和活塞式。其主要优点是:工作介质为空气,故容易获取且成本低廉;易远距离输送,无污染;能适应恶劣环境;动作迅速、反应快。缺点是:工作稳定性差,噪声大,输出转矩不大,只适用于小型轻载的工作机械。

（4）动力电动机

动力电动机类型很多，不同类型的电动机具有不同的结构型式和特性，可满足不同的工作环境和机械不同的负载特性要求。其主要优点是：驱动效率高、有良好的调速性能、可远距离控制，启动、制动、反向调速都易控制，与传动系统或工作机械联接方便，体积小、质量轻、运行平稳、噪声低、价格便宜，作为一般传动，电动机的功率范围很广。因此，动力电动机是工程设计中最常用的原动机。主要缺点是：必须有电源，不适于野外使用。

（5）控制电动机（伺服电动机）

伺服电动机是指能精密控制系统位置和角度的一类电动机。其优点是：体积小、重量轻；具有宽广而平滑的调速范围和快速响应能力；其理想的机械特性和调速特性均为直线。

伺服电动机广泛应用于工业控制、军事、航空航天等领域，如数控机床、工业机器人等。

5.3.2 原动机的选择

在进行机械系统总体方案设计时，原动机的选择主要考虑原动机本身的机械特性能否与工作机械的负载特性（包括功率、转矩、转速等）相匹配，能否与工作机械的调速范围、工作的平稳性等相适应；能否满足工作机械的负载特性，工作制度及启动、制动的频率的要求；能否满足机械系统整体结构布置的需要；也要考虑经济性，包括原动机的原始购置费用、运行费用和维修费用等；还要考虑工作环境，如能源供应、防止噪声和环境保护等要求。

如果工作机械要求有较高的驱动效率和较高的运动精度，应选用电动机，因为电动机的类型和型号较多，并具有各种特性，可满足不同类型工作机械的要求。例如：对于负载转矩与转速无关的工作机械，如轧钢机、提升机械、胶带运输机等，可选用机械特性较硬的电动机，如同步电动机、一般的交流异步电动机或直流并励电动机；对于负载功率基本保持不变的工作机械，如许多加工机床和一些工程机械等，可选用调激磁的变速直流电动机或带机械变速的交流异步电动机；对于无调速要求的机械，尽可能采用交流电动机；工作负载平稳、对启动和制动无特殊要求且长期运行的工作机械，宜选用笼型异步电动机，容量较大时则采用同步电动机；工作负载为周期性变化、传递大中功率并带有飞轮或启动沉重的工作机械，应采用绕线型异步电动机。对于需要调速的机械，如功率小且只要求几挡变速时，可采用可变换定子极数的多速（双速、三速、四速）笼型异步电动机；若对调速平稳程度要求不高，调速比不大时，可采用绕线型异步电动机；若调速范围大，需连续、稳定、平滑调速时，宜采用直流电动机，若同时启动转速大，则宜采用直流串励电动机；若要求无级调速，并希望获得很大的机械力或转矩时，可采用液压马达。

而对电动机和其他类型的原动机，则可根据不同的工作要求和具体条件来选择。例如：在相同功率下，要求外形尺寸尽可能小、重量尽可能轻时，宜选用液压马达；要求易控制、响应快、灵敏度高时，宜采用液压马达或气动马达；要求在易燃、易爆、多尘、振动大等恶劣环境中工作时，宜采用气动马达；要求对工作环境不造成污染，宜选用电动机或气动马达；要求启动迅速、便于移动或在野外作业场地工作时，宜选用内燃机；要求负载转矩大，转速低的工作机械或要求简化传动系统的减速装置，需要原动机与执行机构直接联接时，宜选用低速液压马达。

此外，改变原动机的传输方式，也可能使结构简化。在多个执行构件运动的复杂机器中，若由单机统一驱动改成多机分别驱动，虽然增加原动机的数目和电控部分的要求，但传动部分的运动链可大为简化。

随着电子技术的飞速发展,机械系统由传统的"原动机→变速机构→减速机构→执行机构"的刚性机械系统,逐渐向伺服控制系统直接控制电动机轴驱动执行构件的柔性机械系统发展,从而大大简化了机械传动系统的传动链,使机构能实现更复杂、更精确的运动。设计者在进行机械系统设计时,要充分认识这种由机械与电子技术相互渗透带来设计思想方法上的变化,利用机电互补、机电结合、机电组合等方法,充分发挥机电一体化的优越性,创造出性能更优良的机械产品。

原动机的额定转速一般是直接根据工作机械的要求而选择的,但需考虑原动机本身的综合因素。

在选择了原动机的类型及其额定转速后,即可根据工作机械的负载特性计算原动机的容量,确定原动机的型号。当然,也可先预选原动机型号,然后校核其容量。

原动机的容量主要指功率,它是由负载所需的功率、转矩及工作制来决定的。负载的工作情况大致可分为连续恒负载,连续周期性变化负载,短时工作制负载和断续周期性工作制负载等。各种工作制负载情况下所需的原动机容量的计算方法可查阅有关手册。

下面简单介绍电动机的选择。

5.3.2.1　选择电动机类型和结构型式

电动机类型和结构型式可以根据电源种类(直流、交流)、工作环境(尘土、金属屑、油、水、高温及爆炸气体等)、工作载荷(大小、特性及其变化情况)、启动性能、安装要求等条件来选择。

工业上广泛应用 Y 系列三相交流异步电动机,它具有高效、节能、振动小、噪声低和运行安全可靠的特点,安装尺寸和功率等级符合国际标准,适用于空气中不含易燃、易爆或腐蚀性气体的场所和无特殊要求的各种机械设备。机械设计课程设计中的原动机一般可选用这种类型的电动机。

对于频繁启动、制动和换向的机械(如起重机械),宜选用转动惯量小、过载能力强、允许有较大振动和冲击的 YZ 型或 YZR 型三相异步电动机。

为适应不同的安装需要,同一类型的电动机结构又有若干种安装型式供设计时选用。有关电动机的技术数据、外形及安装尺寸可查阅相关设计手册。

5.3.2.2　确定电动机的功率

电动机功率选得合适与否,对电动机能否正常工作和经济性都有较大的影响。如果电动机功率选得过小,电动机不能保证工作机的正常工作,或使电动机因长期过载发热而过早损坏;如果电动机功率选得过大,则电动机价格高,且电动机经常不在满载下运行,其效率和功率因数都较低,增加电能消耗,造成能源浪费。

电动机功率的确定,主要与负载大小、工作时间长短、发热多少有关。对于长期连续运转、载荷不变(或变化很小)、常温下工作的机械,所选电动机额定功率 P_m 等于或略大于所需电动机功率 P_d,电动机在工作时就不会过热,不必校验发热和启动力矩。

(1) 工作机所需功率 P_w

工作机所需功率 P_w(kW)应由机器的工作阻力和运动参数确定。设计中,可由设计任务书中给定的工作机参数(F_w,v_w,T_w,n_w 等)按下式计算:

$$P_w = \frac{F_w v_w}{1000 \eta_w} \tag{5-1}$$

或
$$P_w = \frac{T_w n_w}{9550 \eta_w}$$
(5-2)

式中：F_w——工作机的阻力（N）；

v_w——工作机的线速度（m/s）；

T_w——工作机的转矩（N·m）；

n_w——工作机的转速（r/min）；

η_w——工作机的效率，对于带式运输机，一般取 $\eta_w=0.94\sim0.96$。

（2）电动机所需功率 P_0

电动机所需功率根据工作机所需功率和传动装置的总效率确定，按下式计算：
$$P_0 = \frac{P_w}{\eta}$$
(5-3)

式中：η——由电动机至工作机的传动装置总效率。

传动装置总效率 η 应为组成传动装置的各个运动副或传动副效率的乘积，即
$$\eta = \eta_1 \eta_2 \eta_3 \cdots \eta_n$$
(5-4)

式中：$\eta_1, \eta_2, \eta_3, \cdots, \eta_n$——传动系统中每一级传动副（如齿轮传动、蜗杆传动、带传动或链传动等）、每对轴承或每个联轴器的效率。

表 5-5 给出了常见机械传动效率的概略值。

表 5-5　常见机械传动效率的概略值

种类		效率 η	种类		效率 η
圆柱齿轮传动	很好跑合的 6 级精度和 7 级精度齿轮传动（油润滑）	0.98～0.99	带传动	平带无张紧轮的传动	0.98
	8 级精度一般齿轮传动（油润滑）	0.97		V 带传动	0.96
	9 级精度齿轮传动（油润滑）	0.96	链传动	滚子链	0.96
	开式齿轮传动（脂润滑）	0.94～0.96		齿形链	0.97
锥齿轮传动	很好跑合的 6 级精度和 7 级精度齿轮传动（油润滑）	0.97～0.98	滑动轴承	润滑不良	0.94（一对）
	8 级精度一般齿轮传动（油润滑）	0.94～0.97		润滑良好	0.97（一对）
	开式齿轮传动（脂润滑）	0.92～0.95		润滑很好（压力润滑）	0.98（一对）
蜗杆传动	自锁蜗杆（油润滑）	0.40～0.45		液体摩擦润滑	0.99（一对）
	单头蜗杆（油润滑）	0.70～0.75	滚动轴承	球轴承	0.99（一对）
	双头蜗杆（油润滑）	0.75～0.82			
	三头和四头蜗杆（油润滑）	0.80～0.92		滚子轴承	0.98（一对）
联轴器	弹性联轴器	0.99～0.995	丝杠传动	滑动丝杠	0.30～0.60
	金属滑块联轴器	0.97～0.99		滚动丝杠	0.85～0.95
	齿轮联轴器	0.99	卷筒		0.94～0.97
	万向联轴器	0.95～0.98			

在计算传动装置的总效率时,应注意以下几点:

① 表 5-5 给出的效率数值为一范围,一般可取中间值。如工作条件差、加工精度低或维护不良,应取低值,反之取高值。

② 轴承的效率指的是一对轴承的效率。

③ 同类型的几对传动副、轴承或联轴器要分别计入各自的效率。

(3) 确定电动机的额定功率 P_m

通常电动机的额定功率 P_m 等于或略大于所需电动机功率 P_0,也可以按下式计算:

$$P_m = (1 \sim 1.3)P_0 \tag{5-5}$$

5.3.2.3　确定电动机转速

额定功率相同的同类型电动机,其同步转速有 3000 r/min、1500 r/min、1000 r/min、750 r/min 等 4 种。电动机转速越高,则磁极数越少,尺寸和重量越小,价格也越低。但电动机转速与工作机转速相差过多势必造成传动装置的总传动比加大,致使传动装置的外廓尺寸和重量增加,传动装置的制造成本增大。而选用较低转速的电动机时,则情况正好相反,即传动装置的外廓尺寸和重量减小,而电动机的尺寸和重量增大,价格提高。因此,在确定电动机转速时,应同时考虑电动机和传动装置的尺寸、重量和价格,以进行充分比较,权衡利弊,选择最优方案。

一般最常用、市场上供应最多的是同步转速为 1500 r/min 或 1000 r/min 电动机,设计时应该优先选用。如无特殊要求,一般不选用同步转速为 3000 r/min 和 750 r/min 的电动机。

设计通用传动系统时,常以电动机的额定功率 P_m 作为计算功率;设计专用传动系统时,常以实际需要的电动机功率 P_0 作为计算功率。以电动机在额定功率时的转速(即满载转速)n_m 作为计算转速。

5.4　机械传动系统的方案设计

机械传动系统用于将原动机的运动和动力传给工作机构,并协调二者的转速和转矩,以满足工作机对运动和动力的要求。传动系统方案的拟定主要包括:传动装置的选择、总传动比的确定、各级传动比的分配、传动装置的运动和动力参数的计算。

传动系统方案拟定是机器总体设计的主要组成部分,机器工作性能和运转费用在很大程度上也取决于传动系统的性能。传动系统方案设计的优劣,对机器的工作性能、工作可靠性、外廓尺寸等均有一定程度的影响。因此,合理地设计传动系统是机械设计工作的重要组成部分。

实现工作机预定的运动是拟定传动方案最基本的要求。满足要求的传动方案,可以有不同的机构类型、不同的顺序和不同的布局,因此任何机械传动系统的设计方案都不是唯一的,在相同设计条件下,可以有不同的传动系统设计方案,这就需要将各种传动方案加以分析比较,针对具体情况择优选定。

5.4.1　传动机构类型的比较

在拟定传动方案时,首先应综合考虑各种机构的传动性能和应用范围,然后再根据工作机的具体工作要求合理选择机构类型。为了便于选择机构类型,现将常用机构的主要性

能和适用范围列于表 5-6。

表 5-6　常用传动机构的性能和适用范围

选用指标		传动机构			
		平带传动	V 带传动	链传动	圆柱齿轮传动
功率/kW（常用值）		小（≤20）	中（≤100）	中（≤100）	大（最大达 50000）
单级传动比	常用值	2～4	2～4	2～5	3～5
	最大值	5	7	6	8
传动效率		参见表 5-5			
许用的线速度/(m·s⁻¹)		≤25	≤30	≤40	6 级精度≤18
外廓尺寸		大	大	大	小
传动精度		低	低	中等	高
工作平稳性		好	好	较差	一般
自锁性能		无	无	无	无
过载保护作用		有	有	无	无
使用寿命		短	短	中等	长
缓冲吸振能力		好	好	中等	差
要求制造及安装精度		低	低	中等	高
要求润滑条件		不需	不需	中等	高
环境适应性		不能接触酸、碱、油、爆炸性气体		好	一般

减速器是典型的传动机构，常用减速器的型式、特点和应用见表 5-7。

表 5-7　常用减速器的型式、特点和应用

类型		简图	传动比	特点和应用
单级圆柱齿轮减速器			≤10 常用：直齿≤4 斜齿≤6	直齿轮用于较低速度（v≤8 m/s）的传动中，斜齿轮用于较高速度的传动中，人字齿轮用于载荷较重的传动中
二级圆柱齿轮减速器	展开式		8～40	一般采用斜齿轮，低速级也可采用直齿轮。总传动比较大，结构简单，应用最广。由于齿轮相对于轴承为不对称布置，因而沿齿宽载荷分布不均匀，需要轴有较大刚度
	同轴式		8～40	减速器横向尺寸较小，两大齿轮浸油深度可以大致相同。结构较复杂，轴向尺寸大，中间轴较长、刚度差，处于两齿轮中间的轴承润滑较困难

续表

类型		简图	传动比	特点和应用
二级圆柱齿轮减速器	分流式		8～40	一般为高速级分流,且常采用斜齿轮;低速级可用直齿或人字齿轮。齿轮相对于轴承为对称布置,沿齿宽载荷分布较均匀。减速器结构较复杂,常用于大功率、变载荷的传动中
单级圆锥齿轮减速器			直齿≤6 常用≤3	传动比不宜太大,以减小锥齿轮的尺寸,便于加工
圆锥-圆柱齿轮减速器			8～40	圆锥齿轮应置于高速级,以免使圆锥齿轮尺寸过大,加工困难
蜗杆减速器		(a) 蜗杆下置式　(b) 蜗杆上置式	10～80	结构紧凑,传动比较大,但传动效率低,适用于中、小功率和间歇工作场合。蜗杆下置时,润滑、冷却条件较好。当蜗杆圆周速度 $v \leqslant 5$ m/s 时用下置式;当 $v > 5$ m/s 时用上置式

5.4.2　传动形式的合理布置

如果采用几种传动形式组成的多级传动,拟定运动方案时,除要考虑各级传动机构的布置顺序、各级机构所适应的速度范围,还要考虑以下几点:

① 带传动具有传动平稳、缓冲吸振、过载保护等优点,但它是靠摩擦力来工作的,在传递相同功率条件下,当转速较低时,带传动的结构尺寸较大。为了减少带传动的结构尺寸,应尽量将带传动布置在传动系统的高速级。

② 链传动因多边形效应而存在运动不均匀、有一定的冲击振动,为了减少振动和冲击,链传动宜布置在传动系统的低速级。

③ 圆柱齿轮传动具有承载能力大、效率高、允许转速高、尺寸紧凑、寿命长等特点,因此在传动系统中应优先选择圆柱齿轮传动。斜齿轮传动的传动平稳性较直齿轮好,相比而言可用于高速级。开式齿轮传动的工作环境一般较差、润滑条件不好,磨损较严重,寿命较短,相比而言可用于低速级。

④ 圆锥齿轮传动,当尺寸较大时,锥齿轮加工比较困难,故锥齿轮传动一般应放在高速级,而且对其传动比加以限制,以减小其直径和模数。

⑤ 蜗杆传动的传动比大、传动平稳,但效率较低,且承载能力没有齿轮传动高。当与齿轮传动同时布置时,最好将蜗杆传动布置在高速级,使得传递的转矩较小,以获得较小的结

构尺寸和较高的齿面相对滑动速度,以利于形成润滑油膜,提高效率,延长使用寿命。

⑥ 制动器通常设在高速轴,同时,带传动和摩擦传动不能布置在制动器后面。

⑦ 可以在传动系统的某一环节设置安全保险装置,以防止工作机过载而造成机器和人员的重大损失。

5.4.3 传动系统传动方案的确定

合理的传动方案首先应满足工作机的性能要求(如所传递的功率及要求的转速),此外还应保证机器工作可靠、工艺性好、结构简单、成本低廉、尺寸紧凑和使用维护方便等。需要指出的是,要同时满足这些要求常常是比较困难的,因此在设计过程中,往往需要拟定多种方案来进行技术经济分析和比较,从中优选出合理的传动方案。

传动方案通常用运动简图来表示,并在此基础上比较传动方案的优劣。运动简图是用简单符号和线条代表运动副和构件,简明的表示了运动和动力的传递方式,以及各构件之间的联接关系。图 5-19 给出了带式输送机的 4 种传动方案简图。在这 4 种传动方案中,除方案 4 采用一级蜗杆传动外,其他均为二级减速传动。由于采用了不同类型的传动机构,因此各有其特点。

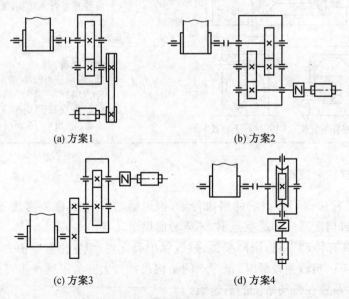

(a) 方案1   (b) 方案2

(c) 方案3   (d) 方案4

图 5-19 带式输送机传动方案

方案 1 采用一级带传动和一级闭式齿轮传动,带传动布置在高速级,能发挥它的传动平稳、缓冲吸振和过载保护的优点。但是该传动方案的外廓尺寸较大,一般不宜在易燃、易爆场合下工作;方案 2 采用二级圆柱齿轮传动,该方案结构尺寸较小,传动效率较高,由于采用了闭式齿轮传动,可得到良好的润滑与密封,能在重载及恶劣的条件下长期工作,使用维护方便;方案 3 采用一级闭式齿轮传动和一级开式齿轮传动,该方案制造成本比方案 2 的成本低,也适用于重载的工作条件,但多尘的工作环境会对开式齿轮的寿命有影响;方案 4 采用一级蜗杆传动,该方案的结构紧凑,可实现较大的传动比。但由于蜗杆传动效率低,功率损失大,用于长期连续运转场合很不经济。以上 4 种方案虽然都能满足带式输送机的功能要求,但结构尺寸、性能指标、经济性等方面均有较大差异,要根据输送机具体的工作要求,如机械系统的总传动比大小、载荷大小、性质、各机构的相对位置、工作环境、对整机结构要求等选择合理的传动方案。

5.4.4 机械系统运动简图

机械系统运动简图反映了机械运动和动力的传递路线,以及各部件组成的连接关系。绘制机械系统运动简图时,要合理选择传动装置的类型。采用几种传动形式组成多级传动时,要合理布置其传动顺序。多级传动的级数应根据传动系统总传动比大小合理确定,并使每级传动比在该类型机构的常用范围内。

本节以冲压机机械系统为例,拟定其运动简图。

（1）原始参数和设计要求

① 冲压机每小时冲压 1920 个零件。

② 根据冲压机阻力,要求电动机额定功率为 4 kW。

③ 要求电动机与工作机构输入轴平行,传动系统要求有过载保护作用。

④ 要求性能良好,结构简单、紧凑,节省动力,寿命长,便于制造。

（2）工作机构运动方案

冲压机工作机构运动方案如图 5-20 所示。

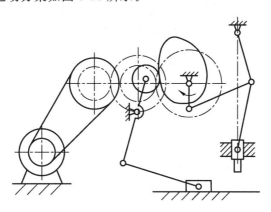

图 5-20 冲压机机械系统运动简图

（3）电动机的选择

选择常用同步转速为 1500 r/min 的电动机,根据电动机的额定功率,查手册可得其满载转速 $n_m = 1440$ r/min。根据冲压机的生产率,曲柄每转一周,冲压一个零件,则

曲柄转速为

$$n_w = 1920/60 = 32 \text{ r/min}$$

传动系统总传动比

$$i = n_m/n_w = 1440/32 = 45$$

（4）传动系统方案拟定

冲压机设计有过载保护要求,故考虑在传动系统中采用带传动;又要求电动机轴与工作机轴平行,且传动系统传动比较大,故考虑采用双级圆柱齿轮传动。按表 5-6 推荐的传动比范围,带传动比 $i = 2 \sim 4$,圆柱齿轮传动比 $i = 3 \sim 5$,则传动系统总传动比的范围为

$$i_{总} = (2 \sim 4) \times (3 \sim 5)^2 = 18 \sim 100$$

要求的总传动比 $i_总$ 在传动系统总传动比 i 的范围内,可见传动系统采用带传动与双级圆柱齿轮传动是可行的,否则应调整电动机的转速或多级传动的级数。

(5)绘制机械系统运动简图

根据以上步骤,绘制机械系统运动简图。

136

第6章 机械系统设计分析实例

6.1 平台印刷机设计

6.1.1 设计题目

设计平台印刷机的主传动机构。

平台印刷机的工作原理为复印原理,即将铅版上凸出的痕迹借助于油墨印刷到纸张上。平台印刷机一般出输纸、着墨(即将油墨均匀涂抹在铅版上)、压印、收纸4部分组成。

平台印刷机的压印动作是在卷有纸张的滚筒与嵌有铅版的版台之间进行的,其工作原理如图6-1所示。整部机器中各机构的运动均由同一台电动机驱动。运动由电动机经过减速装置后分成2路,一路经传动机构Ⅱ带动版台做往复直线移动,另一路经传动机构Ⅰ带动滚筒做单向回转运动。版台往复运动一次,即完成一次印刷循环。版台与滚筒接触时,在纸张上压印出字迹或图形。

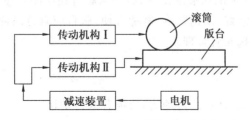

图6-1 平台印刷机工作原理图

版台工作行程有3个区段(如图6-2所示):在第一区段,滚筒表面与版台不接触,送纸、着墨机构(未画出)相继完成输纸、着墨;在第二区段,滚筒表面与版台接触,铅版在纸张上压印出字迹和图形,完成压印动作;在第三区段(包括空回行程),滚筒表面与版台脱离接触,收纸机构进行收纸作业。

图6-2 版台工作行程的3个区段

本题目要设计的主传动机构就是版台的传动机构Ⅱ及滚筒的传动机构Ⅰ。

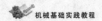

6.1.2 原始数据与设计要求

设计参数见表 6-1。

表 6-1 平台印刷机的设计参数

数据组编号	A	B	C	D
最大用纸幅面/(长/mm×宽/mm)	440×590	420×594	392×546	415×590
印刷生产率/(张/h)	2000	2200	2500	5000
版台最大行程/mm	730	692	648	795
压印区段长度/mm	440	420	392	415
滚筒直径/mm	232	220	206	360
电动机功率/kW	1.5			3
电动机转速/(r·min^{-1})	940			1430

设计要求如下：

① 要求构思合适的机构方案,使电动机经过减速装置输出的匀速转动转换成平台印刷机的主运动;版台做往复直线运动,滚筒做单向间歇转动(低速型)或单向连续转动(高速型)。

② 为了保证印刷质量,要求在压印过程中滚筒表面与版台之间无相对滑动(纯滚动),即在压印区段(第二区段)滚筒表面点的线速度与版台移动速度相等。

③ 为了保证印刷幅面上的压痕浓淡一致,要求版台在压印区速度变化尽可能小。

④ 要求机构传动性能好,结构紧凑,制造方便,版台应有急回特性。

⑤ 机械系统整体结构布置合理。

6.1.3 设计任务

① 确定机构传动方案,计算总传动比,分配各级传动比。

② 确定各机构的运动尺寸及有关结构参数。

③ 画出主传动机构的运动简图。

④ 用解析法分析版台在一个运动循环内的位移、速度、加速度,并绘制运动线图。

⑤ 用图解法或解析法设计滚筒单向回转运动的定位机构(低速型)或补偿机构(高速型)的凸轮轮廓线,并绘制凸轮机构运动简图。

⑥ 编写设计说明书。

6.1.4 设计方案及讨论

根据以上设计要求,版台应做往复移动,行程较大,且应尽可能使工作行程中有一段匀速运动(压印区段),并有急回特性;滚筒做间歇(转停式)或连续(有匀速段)转动。这些运动要求不一定都能得到满足,但一定要保证版台和滚筒在压印区段内保持纯滚动关系,即滚筒表面点的线速度与版台速度相等。为达到上述目的,可在运动链中加入运动补偿机构,使两者间的运动达到良好的配合,由此来构思方案。

（1）版台传动机构方案

方案 1：六杆机构。

图 6-3 所示的六杆机构比较简单，加工制造比较容易，做往复移动的构件 5（版台）的速度是变化的，有急回特性和扩大行程的作用，但由于构件数较多，故机构刚性差，不宜用于高速。此外，该机构的分析计算过程比较复杂。

方案 2：曲柄滑块机构与齿轮齿条的组合。

图 6-4 所示的机构由偏置曲柄滑块机构与齿轮齿条机构串联组合而成。其中下齿条为固定齿条，上齿条与版台固连在一起。此组合机构最重要的特点是版台行程比铰链中心点 C 的行程大 1 倍。此外，由于齿轮中心 C（相当于滑块的铰链中心）的轨迹对于点 A 偏置，所以上齿条的往复运动有急回特性。

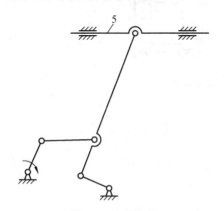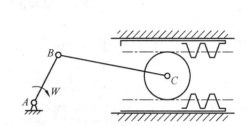

图 6-3　六杆机构　　　　　　　　图 6-4　曲柄滑块机构与齿轮齿条机构的组合

方案 3：双曲柄机构、曲柄滑块机构与齿轮齿条的串联组合。

图 6-5 所示组合机构的下齿条也是可移动的齿条，故可由下齿条输入另一运动，以得到所需的合成运动。当不考虑下齿条的移动时，上齿条（版台）运动的行程也是转动副中心点 C 行程的 2 倍。这里用两个连杆机构串联，主要是考虑到用曲柄滑块机构满足版台的行程要求，而用双曲柄机构满足版台在压印区段中近似匀速的要求和回程时的急回特性要求。

方案 4：齿轮可做轴向移动的齿轮齿条机构。

图 6-6 所示齿轮齿条机构的上、下齿条均为可移动的齿条，而且都与版台固连在一起。当采用凸轮机构（图中未画出）拨动齿轮沿其轴向滑动时，可使齿轮时而和上齿条啮合，时而和下齿条啮合，从而实现版台的往复移动。若齿轮做匀速运动，则版台做匀速往复移动，这将有利于提高印刷，使整个印刷幅面印痕浓淡一致。但由于齿轮的拨动机构较复杂，故只在印刷幅面较大（如 2 m×2 m）、对印痕浓淡均匀性要求较高时采用。

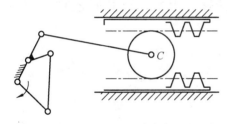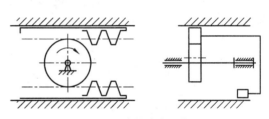

图 6-5　双曲柄机构和差动齿条组合机构　　　　图 6-6　齿轮齿条机构

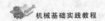

（2）滚筒传动机构方案

方案 1：齿轮齿条机构（转停式滚筒的传动机构）。

图 6-7 所示的滚筒式由版台上的齿条带动滚筒上的齿轮转动，因此，可以保证滚筒表面点的线速度与版台速度在压印区段完全相等的要求。这种机构的特点是结构简单，易于保证速度同步的要求，但当版台空回时，滚筒应停止转动，因而应设置滚筒与版台运动的脱离装置（如在滚筒与齿轮间装单向离合器等单向运动装置）及滚筒的定位装置（如图 6-8 所示）。由于滚筒时转时停，惯性力矩较大，故不宜用于高速场合。

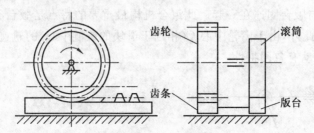

图 6-7　滚筒的齿轮齿条机构

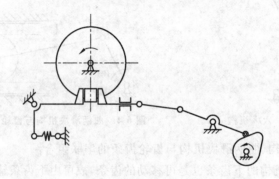

图 6-8　滚筒的定位装置

方案 2：齿轮机构。

图 6-9 所示的滚筒是由电动机通过带传动及齿轮机构减速后由齿轮机构直接带动的，因而其运动速度是常量。当与其配合的版台由非匀速运动机构（如前述版台传动机构方案1,2,3)带动时，很难满足速度同步的要求，因而此种传动机构方案一般只和版台传动机构方案 4（图 6-6）配合使用。

方案 3：双曲柄机构。

图 6-10 所示为双曲柄机构与齿轮机构串联组成的滚筒传动机构。此传动机构为非匀速运动机构，但当设计合适时可使滚筒在压印区段的转速变化平缓，这样既可保证印刷质量，又可减小滚筒直径。因为这种机构的滚筒做连续转动，所以其动态性能比转停式滚筒好。

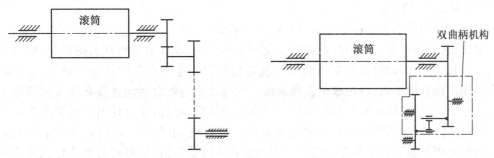

图 6-9　滚筒的齿轮机构　　　　　图 6-10　滚筒的双曲柄机构

（3）版台传动机构与滚筒传动机构方案的配合

根据上述各机构方案的特点，可将版台传动机构与滚筒传动机构方案按下述方式配合，以形成 4 种主传动机构方案，见表 6-2。

表 6-2　平台印刷机的设计参数主传动机构方案

主传动机构方案号	Ⅰ	Ⅱ	Ⅲ	Ⅳ
版台传动机构方案号	1	2	3	4
滚筒传动机构方案号	1	1	3	2

需要说明的是：① 主传动机构方案Ⅰ和Ⅱ中应加设滚筒与版台的运动脱离机构及滚筒定位机构；② 在按主传动机构方案Ⅲ设计时，为了保证滚筒表面点的线速度与版台往复运动速度在压印区段完全一致，一般应加设运动补偿机构，如图 6-11 所示的凸轮机构。

其余方案可由设计者构思。

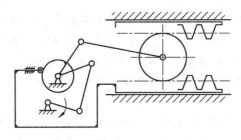

图 6-11　版台运动补偿机构

6.1.5　设计步骤

（1）构思和选择方案

平台印刷机主传动机构方案的构思与选择，可根据原始数据和设计要求，在充分考虑各种方案的特点后进行。此外，还应考虑以下几个方面的问题：

① 印刷要求的生产效率。

② 印刷纸张幅面大小（幅面大，版台运动的匀速性要求较高）。

③ 机构结构实现的可能性。

④ 机构的传力特性。

（2）确定设计路线

下面以平台印刷机主传动方案Ⅲ为例来说明设计路线。

首先，根据生产率及压印区段速度变化较小的要求，设计滚筒的双曲柄机构（也可由教师给定该机构尺寸）；然后，根据版台的往复运动行程并考虑有急回特性的要求，设计实现版台运动的曲柄滑块机构；再根据滚筒表面点的线速度与版台运动速度在压印区段尽可能接近的原则，设计串接在曲柄滑块机构前的双曲柄机构；最后，对设计出的机构进行运动分析，根据压印区段接近匀速的要求确定该区间位置，再求出在该区间内运动时滚筒表面上的点转过的弧长及版台上与之相接触一点的位移之间的差值，从而可得出凸轮机构从动件（图 6-11 所示的下齿条）的位移曲线，据此设计出该凸轮轮廓曲线。

由于此方案比较复杂，建议只要求学生设计版台的传动机构（即版台传动机构中的双曲柄机构、曲柄滑块机构和用于运动补偿的凸轮机构）。

（3）设计版台的曲柄滑块机构

根据版台往复运动的行程，求得滑块铰链点的行程；选定连杆长 l 与曲柄长 r 之比（一般在 2.8～4.0 之间）、偏距 e 与曲柄长 r 之比（一般在 0.3～0.4 之间），据此求出 r, l, e。

（4）设计版台的双曲柄机构

根据已知的滚筒速度曲线（由教师给出，或给出滚筒双曲柄机构尺寸，由学生做运动分析得到），初定出压印区段后，即可着手设计版台的双曲柄机构。

① 首先根据压印区段滚筒表面点的线速度与版台移动速度相等的要求（或纯滚动的要求），确定版台双曲柄机构中两连架杆的若干对应位置关系（用插值法或图解法取 3～4 个对应位置为宜，用优化方法则取 6～10 个对应位置为宜）。

② 用图解法、插值法、函数平方逼近法或其他优化方法设计出该机构。

（5）用于运动补偿的凸轮机构设计

① 在假设版台传动机构系统未安装有运动补偿的凸轮机构且下齿条固定不动的情况下，对主传动系统进行运动分析，求出版台及滚筒表面点的位移曲线及速度曲线。

② 根据上述曲线，调整压印区段。压印区段的始点一般应为同速点（即版台运动速度与滚筒表面点的速度相同的位置），压印区段的速度变化相对较小且两条速度曲线相当接近。

③ 将压印区段分成 n 小段，得到 $n+1$ 个分点，依次求出滚筒表面点转过的弧长与版台位移之间的各个差值 $\Delta s^{(i)}(i=1,2,\cdots,n)$，然后画出以曲柄（或凸轮）转角为横坐标的 s 曲线，即为凸轮机构从动件在压印区段的位移曲线。

④ 确定凸轮机构从动件位移曲线中的过渡曲线段，并用图解法求出凸轮的理论轮廓。

⑤ 检验压力角和最小曲率半径，确定滚子直径，求出凸轮实际轮廓线。

（6）整理出设计说明书

根据以上步骤，整理设计说明书。

6.2 牛头刨床设计

6.2.1 设计题目

牛头刨床是一种用于平面切削加工的机床，根据牛头刨床切削加工工件的主要动作要求,进行该机械系统运动方案设计和主体机构的设计与分析。

牛头刨床外形如图 6-12 所示。刨头右行时,刨刀进行切削,称工作行程。此时要求刨刀切削速度较低并且均匀平稳,近似匀速运动,以减少电动机容量,提高切削质量;刨头左行时,刨刀不进行切削,称空回行程,此时要求速度较高,即应具有急回特性,以提高生产效率。

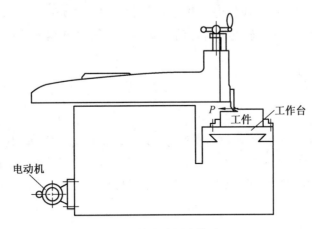

图 6-12 牛头刨床外形

6.2.2 原始数据与设计要求

刨床主轴转速为 60 r/min,刨刀的行程 H 约为 300 mm,刨头在工作行程中受到很大的切削阻力,约为 7000 N,在切削的前后各有一段约为 $0.05H$ 的空刀距离,如图 6-13 所示,空回行程中无切削阻力,因此,刨头在整个运动循环中受力变化很大。设计时,要求该机械系统的运动链尽可能短,具有急回特性,行程速比系数 K 约为 1.4,传力性能好,结构紧凑。

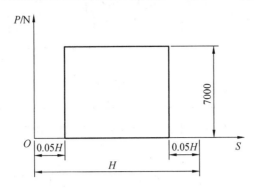

图 6-13 刨头上的生产阻力曲线

6.2.3 设计任务

① 针对题目,查找、收集和研究与设计内容有关的参考文献资料,在功能分析的基础上拟定出至少两种机械系统运动方案,然后进行分析对比、评价选优,确定设计方案;计算总传动比,分配各级传动的传动比,协调设计各执行机构的运动,绘制运动循环图。

② 机械系统中各机构的运动尺寸设计及有关结构参数的确定。

③ 画出机械系统运动简图。

④ 用相对运动图解法对主体机构某一个位置进行运动分析,或用解析法对主体机构各位置(一个运动循环)进行运动分析,绘制主体机构执行构件的运动线图。

⑤ 用图解法对主体机构某一个位置进行力分析。

⑥ (选作)用解析法对主体机构各位置(一个运动循环)进行力分析,并绘出其执行构件的平衡力矩曲线图;用图解法或解析法求最大盈亏功,计算飞轮的转动惯量和尺寸。

⑦ (选作)用二维或三维软件进行运动仿真,或用创新搭接实验验证机械运动设计的合理性。

⑧ 编写设计说明书。

6.2.4 设计方案提示

拟定机械系统运动方案时,应根据刨刀与工作台两执行构件的运动协调配合要求构思实现动作的执行机构,然后确定各执行机构前面的传动机构。完成这些运动的机构及连成的整机,均应力求结构简单、紧凑、传力性能好。牛头刨床机械系统参考设计方案如图 6-14 所示。

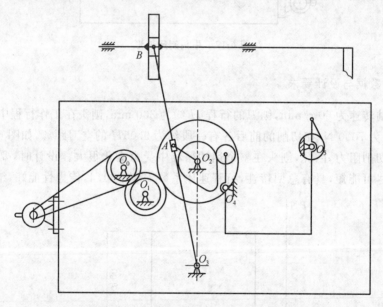

图 6-14　牛头刨床机械系统参考设计方案

6.3　工件步进输送机设计

6.3.1　设计题目

设计某自动生产线中的工件步进输送机,根据工件步进输送机的主要动作要求进行机械系统运动方案设计和主体机构的设计与分析。

步进输送机是一种间接输送工件的传送机械。工件步进输送机输送过程如图 6-15 所示。当工件由料仓卸落到辊道上时,滑架做往复直线运动(A_2)。滑架正行程时,通过棘钩使工件向前运动;滑架返回时,棘钩下的弹簧被工件压下,棘钩从工件下面划过,而工件不动。当滑架再次向前运动时,棘钩又勾住下一个工件向前运动,从而实现了工件的步进传送(A_1)。插板作间歇的往复直线移动(A_3),可将工件以一定的时间间隔卸落在辊道上。滑架具有急回特性,插板运动与滑架(主体)运动应该保持一定的协调配合关系。

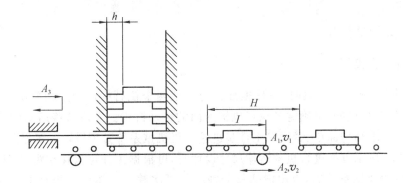

图 6-15　工件步进输送过程示意图

6.3.2　原始数据与设计要求

原始数据见表 6-3。其中 H 为工件每次的移动距离,v_{m1} 为工件平均移动速度,K 为行程速比系数,l 为工件长度,h 为插板的插入深度,m_g 为辊道上工件的总质量,f_g 为工件相对于导路的当量摩擦系数,m_h 为滑架的质量,f_h 为滑架相对于导路的当量摩擦系数,$[\delta]$ 为机器的许用速度不均匀系数。

表 6-3　工件步进输送机的原始数据

数据组编号	H/m	v_{m1}/(m·s^{-1})	K	l/mm	h/mm	m_h/kg	f_g	m_h/kg	f_h	$[\delta]$
A	0.8	0.2	1.6	350	80	1000	0.1	240	0.08	0.18
B	1.0	0.2	1.5	450	100	1200	0.1	280	0.08	0.19
C	1.2	0.2	1.7	550	120	1400	0.1	320	0.08	0.20

滑架向前运动时的生产阻力可根据工件总质量、滑架质量和相应的摩擦系数求出,回程时的阻力仅为滑架的摩擦阻力;设计时,要求机构传力性能良好,机械系统结构紧凑,运动链尽可能短,制造方便。

6.3.3　设计任务

① 针对题目,查找、收集、研究与设计内容有关的参考文献和资料,在功能分析基础上拟定出至少两种机械系统运动方案,然后进行分析对比、评价选优,最终确定设计方案。计算总传动比,分配各级传动的传动比,协调设计各执行机构的运动,绘制运动循环图。

② 机械系统中各机构的运动尺寸设计及有关结构参数的确定。

③ 画出机械系统运动简图。

④ 用相对运动图解法对主体机构的某一个位置进行运动分析,或用解析法对主体机构各位置(一个运动循环)进行运动分析,绘制主体机构执行构件的运动线图。

⑤ 用图解法对主体机构某一个位置进行力的分析。

⑥（选作）用解析法对主体机构各位置（一个运动循环）进行力的分析，绘出其执行构件的平衡力矩曲线图，用图解法或解析法求最大盈亏功，计算飞轮的转动惯量和尺寸。

⑦（选作）用二维或三维软件进行运动仿真，或用创新搭接实验验证机械运动设计的合理性。

⑧ 编写设计说明书。

6.3.4 设计方案提示

拟定机械系统运动方案时，应根据插板与滑架两个执行构件的运动协调配合要求，构思实现动作的执行机构，再确定各执行机构前面的传动机构。完成这些运动的机构及连成的整机，均应力求结构简单、紧凑。工件步进输送机机械系统参考设计方案如图 6-16 所示。

按图 6-16 所示方案进行机构运动尺寸设计时，可根据工件每次移动距离 H、平均移动速度 v_{m1} 和行程速比系数 K，求出滑架每分钟的往复次数。主体机构相对于料仓的位置及摆动推杆的固定铰链位置由设计者自行确定。摆动推杆的摆角可依据 h 确定。动态静力分析时，要考虑滑架的惯性力和摆杆的惯性力及惯性力偶。摆杆的质心位于摆杆长度的中点，摆杆对质心轴的转动惯量可用 $j = \frac{1}{12}ml^2$ 计算，摆杆质量 $m_b = 18$ kg（方案 A），20 kg（方案 B），22 kg（方案 C）。大齿轮兼飞轮的作用，计算飞轮转动惯量时其他构件的转动惯量可忽略不计。

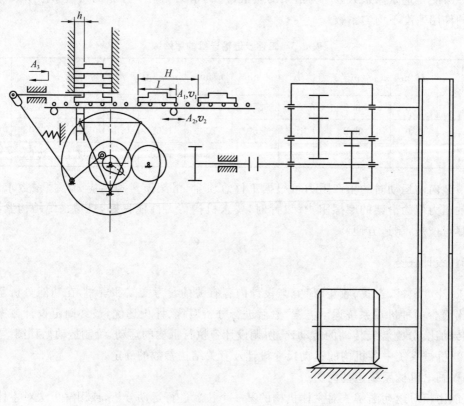

图 6-16 工件步进输送机机械系统参考设计方案

6.4 工件自动传送机设计

6.4.1 设计题目

设计一自动生产线中用于工件自动传送的机械系统,并根据工件自动传送机的主要动作要求,进行机械系统运动方案设计和主要机构的设计与分析。

图 6-17 为工件传送机执行构件示意图。图中工件载送器能实现往复直线移动,将置于其上的工件送至下一工位。带动工件载送器运动的一套执行机构能将原动机经减速后的匀速转动变为按一定规律运动的摇杆往复摆动(该执行机构是本题目设计的主要机构),最后经过导杆滑块机构变为工件载送器的往复移动。

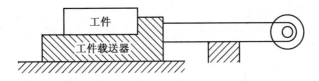

图 6-17 工件自动传送机执行构件示意图

6.4.2 原始数据和设计要求

工件自动传送机执行机构中各固定铰链点(包括可选用的铰链点)之间的相对位置关系如图 6-18 所示。其输入构件在转动副 A 中以 60 r/min 的转速等速回转。执行构件绕转动副 D 摆动。要求执行构件上的某一标线在 15 s 内自位置 Ⅰ 经位置 Ⅱ 摆至位置 Ⅲ,停顿 15 s;接着在 10 s 内由位置 Ⅲ 摆回至位置 Ⅰ,然后停顿 20 s。已知执行构件的摆角 $\psi=120°$,且摆动时的运动规律不限,滑动摩擦系数 $f=0.15$,各回转副的跑合轴颈直径为 $d=40$ mm,各构件的重力和惯性力忽略不计。执行构件上的生产阻力曲线如图 6-19 所示。设计时要求该机械系统的结构紧凑、运动链尽可能短。

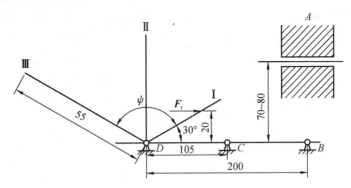

图 6-18 各固定铰链点之间的相对位置

6.4.3 设计任务

① 查找和研究与设计内容有关的参考资料,在功能分析基础上拟定出至少两种机械系统运动方案。同时,进行分析对比、评价优选,确定设计方案,并计算总传动比,分配各级传

动比。

② 机械系统中各机构的运动尺寸设计及有关结构参数的确定。

③ 画出机械系统运动简图。

④ 用相对运动图解法做执行机械系统某一个位置的运动分析,或用解析法做执行机械系统各位置(一个运动循环)的运动分析,绘制执行构件的运动线图。

⑤ 用图解法对执行机械系统某一个位置进行力分析。

⑥ (选作)用图解法对执行机械系统各位置(一个运动循环)进行力分析,并绘出执行构件的平衡力矩曲线图,用图解法或解析求最大盈亏功,计算飞轮的转动惯量和尺寸。

⑦ (选作)用二维或三维软件进行运动仿真,或用创新搭接实验验证机械运动设计的合理性。

⑧ 编写设计说明书。

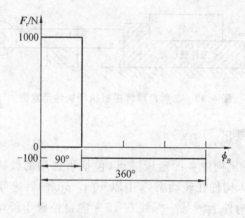

图 6-19 执行构件上的生产阻力曲线

6.4.4 设计方案提示

拟定机械系统运动方案时,应根据各执行机构的运动要求构思实现运动要求的执行机构,再确定各执行机构前面的传动机构。完成这些运动的机构及连成的整机,均应力求结构简单、紧凑。工件自动传送机机械系统参考设计方案如图 6-20 所示。

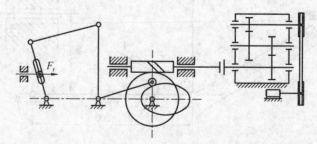

图 6-20 工件自动传送机机械系统参考设计方案

6.5 冲床冲压机构、送料机构及传动系统的设计

6.5.1 设计题目

设计一冲制薄壁零件冲床的冲压机构、送料机构及其传动系统。该冲床的工艺动作如图 6-21a 所示,上模先以比较大的速度接近坯料,然后以匀速进行拉延成型工作,此后上模继续下行将成品推出型腔,最后快速返回。上模退出下模以后,送料机构从侧面将坯料送至待加工位置,完成一个工作循环。

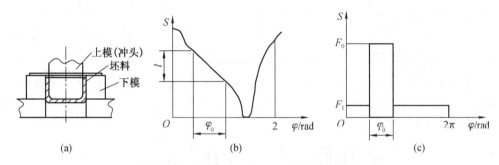

图 6-21 冲床工艺动作与上模运动、受力情况

设计能使上模按上述运动要求加工零件的冲压机构和从侧面将坯料推送至下模上方的送料机构,以及冲床的传动系统,并绘制减速器装配图。

6.5.2 原始数据与设计要求

① 动力源是电动机,下模固定,上模做上下往复直线运动,其大致运动规律如图 6-21b 所示,具有快速下沉、等速工作进给和快速返回的特性。

② 机构应具有较好的传力性能,特别是工作段的压力角 α 应尽可能小,传动角 γ 大于或等于许用传动角 $[\gamma]=40°$。

③ 上模到达工作段之前,送料机构已将坯料送至待加工位置(下模上方)。

④ 生产率约每分钟 70 件。

⑤ 上模的工作段长度 $l=30\sim100$ mm,对应曲柄转角 $\phi_0=(1/3\sim1/2)\pi$,上模总行程长度必须大于工作段长度的两倍以上。

⑥ 上模在一个运动循环内的受力如图 6-21c 所示,在工作段所受的阻力 $F_0=5000$ N,在其他阶段所受的阻力 $F_1=50$ N。

⑦ 行程速比系数 $K\geqslant1.5$。

⑧ 送料距离 $H=60\sim250$ mm。

⑨ 机器运转不均匀系数 δ 不超过 0.05。

若对机构进行运动和动力分析,为方便起见,其所需参数值建议按如下要求选取:

a. 设连杆机构中各构件均为等截面均质杆,其质心在杆长的中点,而曲柄的质心则与回转轴线重合。

b. 设各构件的质量按每米 40 kg 计算,绕质心的转动惯量按每米 2 kg·m² 计算。

c. 转动滑块的质量和转动惯量忽略不计,移动滑块的质量设为 36 kg。

d. 传动装置的等效转动惯量(以曲柄为等效构件)设为 30 kg·m²。

6.5.3 传动系统方案设计

冲床传动系统如图 6-22 所示。电动机转速经带传动、齿轮传动降低后驱动机器主轴运转。原动机为三相交流异步电动机,其同步转速为 1500 r/min,型号按表 6-4 选用。

表 6-4 原动机选用

电机型号	额定功率/kW	额定转速/(r·min⁻¹)
Y100L2 - 4	3.0	1420
Y112M - 4	4.0	1440
Y132S - 4	5.5	1440

由生产率可知,主轴转速约为 70 r/min,若电动机暂选为 Y112M - 4,则传动系统总传动比约为 $i_\Sigma = 20.57$。取带传动的传动比 $i_b = 2$,则齿轮减速器的传动比 $i_g = 10.285$,故可选用两级齿轮减速器。

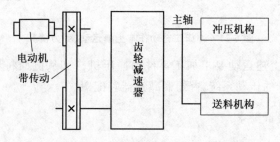

图 6-22 冲床传动系统

6.5.4 执行机构运动方案设计及讨论

该冲压机械包含 2 个执行机构,即冲压机构和送料机构。冲压机构的主动件是曲柄,从动件(执行构件)为滑块(上模),行程中有等速运动段(称工作段),并具有急回特性,机构还应有较好的动力特性。要满足上述要求,用单一的基本机构,如偏置曲柄滑块机构,是难以实现的。因此,需要将几个基本机构恰当地组合在一起。送料机构要求做间歇送进,比较简单。实现上述要求的机构组合方案可以有许多种。下面介绍几个较为合理的方案。

(1)齿轮-连杆冲压机构和凸轮-连杆送料机构

如图 6-23 所示,冲压机构采用了有 2 个自由度的双曲柄七杆机构,用齿轮副将其封闭为一个自由度。适当选择点 C 的轨迹和确定构件尺寸,可保证机构具有急回运动和工作段近于匀速的特性,并使压力角 α 尽可能小。

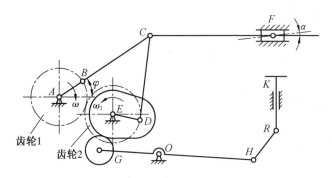

图 6-23　冲床机构方案一

送料机构是由凸轮机构和连杆机构串联组成的,按机构运动循环图可确定凸轮推程运动角和从动件的运动规律,使其能在预定时间将工件推送至待加工位置。设计时,若使 $l_{OG} < l_{OH}$,可减小凸轮尺寸。

（2）导杆-摇杆滑块冲压机构和凸轮送料机构

如图 6-24 所示,冲压机构是在导杆机构的基础上串联一个摇杆滑块机构组合而成的。导杆机构按给定的行程速比系数设计,它和摇杆滑块机构组合可达到工作段近于匀速的要求。适当选择导路位置,可使工作段压力角 α 较小。送料机构的凸轮轴通过齿轮机构与曲柄轴相连,按机构运动循环图可确定凸轮推程运动角和从动件的运动规律,则机构可在预定时间将工件送至待加工位置。

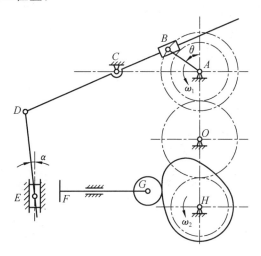

图 6-24　冲床机构方案二

（3）六连杆冲压机构和凸轮-连杆送料机构

如图 6-25 所示,冲压机构是由铰链四杆机构和摇杆滑块机构串联组合而成的。四杆机构可按行程速比系数用图解法设计,然后选择连杆长 l_{EF} 及导路位置,按工作段近于匀速的要求确定铰链点 E 的位置。若尺寸选择适当,可使执行构件在工作段中运动时机构的传动角 γ 满足要求,压力角 α 较小。

凸轮送料机构的凸轮轴通过齿轮机构与曲柄轴相连,若按机构运动循环图确定凸轮转角及其从动件的运动规律,则机构可在预定时间将工件送至待加工位置。设计时,使

$l_{IH} < l_{IR}$，则可减小凸轮尺寸。

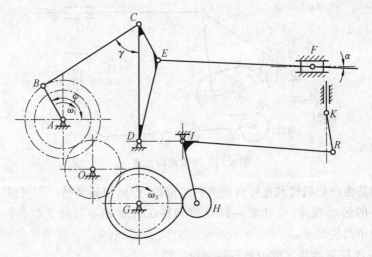

图 6-25　冲床机构方案三

（4）凸轮-连杆冲压机构和齿轮-连杆送料机构

如图 6-26 所示，冲压机构是由凸轮-连杆机构组合而成的，依据滑块 D 的运动要求，确定固定凸轮的轮廓曲线。

送料机构是由曲柄摇杆、扇形齿轮与齿条机构串联而成，若按机构运动循环图确定曲柄摇杆机构的尺寸，则机构可在预定时间将工件送至待加工位置。

选择方案时，应着重考虑下述几个方面：

① 所选方案是否能满足要求的性能指标。

② 结构是否简单、紧凑。

③ 制造是否方便，成本可否降低。

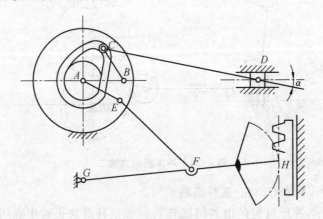

图 6-26　冲床机构方案四

经过分析论证，方案 1 是 4 个方案中最为合理的方案，下面对其进行设计。

6.5.5　冲压机构设计

由方案 1（见图 6-23）可知，冲压机构是由七杆机构和齿轮机构组合而成。由组合机构的设计可知，为了使曲柄 AB 回转一周，点 C 完成一个循环，两齿轮齿数比 z_1/z_2 应等于 1。这样，冲压机构设计就分解为七杆机构和齿轮机构的设计。

（1）七杆机构的设计

设计七杆机构可用解析法。首先根据对执行构件（滑块 F）提出的运动特性和动力特性要求选定与滑块相连的连杆长度 CF，并选定能实现上述要求的 C 点的轨迹，然后按杆组法设计五连杆机构 $ABCDE$ 的尺寸。

设计此七杆机构也可用实验法，现说明如下。

如图 6-27 所示，要求 AB、DE 均为曲柄，两者转速相同，转向相反，而且曲柄在角度 $\varphi=\left(\dfrac{\pi}{3}\sim\dfrac{\pi}{2}\right)$ 的范围内转动时，从动件滑块在 $l=60$ mm 范围内等速移动，且其行程 $H=150$ mm。

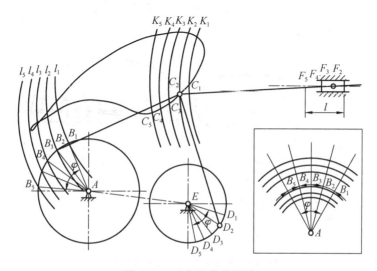

图 6-27　七杆机构的设计

① 任做一直线作为滑块导路，在其上取长为 l 的线段，并将其等分，得分点 F_1，F_2，…，F_n（取 $n=5$）。

② 选取 l_{CF} 为半径，以 F_i 各点为圆心作弧得 K_1，K_2，…，K_5。

③ 选取 l_{DE} 为半径，在适当位置上作圆，在圆上取圆心角为 φ 的弧长，将其与 l 对应等分，得分点 D_1，D_2，…，D_5。

④ 选取 l_{DC} 为半径，以 D_i 为圆心作弧，与 K_1，K_2，…，K_5 对应交于 C_1，C_2，…，C_5。

⑤ 取 l_{BC} 为半径，以 C_i 为圆心作弧，得 L_1，L_2，…，L_5。

⑥ 在透明白纸上做适量同心圆弧，由圆心引 5 条射线等分 ϕ（射线间夹角为 $\phi/4$）。

⑦ 将做好图的透明纸覆在 L_i 曲线族上移动，找出对应交点 B_1，B_2，…，B_5，便得曲柄长 l_{AB} 及铰链中心 A 的位置。

⑧ 检查是否存在曲柄及两曲柄转向是否相反。同样，可以先选定 l_{AB} 长度，确定 l_{DE} 和铰链中心 E 的位置。也可以先选定 l_{AB}，l_{DE} 和 A，E 点位置，其方法与上述相同。用上述方法设计得机构尺寸为：$l_{AB}=l_{DE}=100$ mm，$l_{AE}=200$ mm，$l_{BC}=l_{DC}=283$ mm，$l_{CF}=430$ mm，A 点与导路的垂直距离为 162 mm，E 点与导路的垂直距离为 223 mm。

（2）齿轮机构设计

此齿轮机构的中心距 $a=200$ mm，模数 $m=5$ mm，采用标准直齿圆柱齿轮传动，齿数 $z_1=z_2=40$，齿顶高系数 $h_a^*=1.0$。

6.5.6　七杆机构的运动和动力分析

用图解法对此机构进行运动和动力分析。将曲柄 AB 的运动一周 $360°$ 分为 12 等份，得分点 B_1，B_2，$\cdots$，B_{12}，针对曲柄每一位置，从而得点 C 的位置及其轨迹；然后逐个位置分析滑块 F 的速度和加速度，并画出速度线图，以分析是否满足设计要求。

图 6-28 是冲压机构执行构件速度与点 C 轨迹的对应关系图，显然，滑块在 $F_4 \sim F_8$ 这段近似等速，而这个速度值约为工作行程最大速度的 40%。该机构的行程速比系数为

$$K=\frac{30°\times 8}{30°\times 4}=2>1.5$$

故此机构满足运动要求。

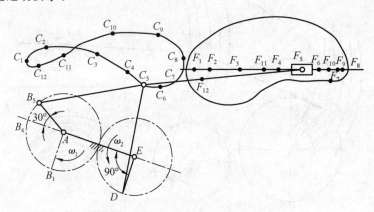

图 6-28　七杆机构的运动和动力分析

在进行机构动力分析时，先依据在工作段所受的阻力 $F_0=5000$ N，然后求得加于曲柄 AB 的平衡力矩 M_b，并与曲柄角速度相乘以获得工作段的功率；计入各传动的效率，求得所需电动机的功率为 5.3 kW，故所确定的电动机型号 Y132S－4（额定功率为 5.5 kW）满足要求。（动力分析具体过程及结果略）。

6.5.7　机构运动循环图

依据冲压机构分析结果及对送料机构的要求，可绘制机构运动循环图，如图 6-29 所示。当主动件 AB 由初始位置（冲头位于上极限点）转过角 φ_a（$90°$）时，冲头快速接近坯料；又当曲柄由 φ_a 转到 φ_b（$210°$）时，冲头近似等速向下冲压坯料；当曲柄由 φ_b 转到 φ_c（$240°$）时，冲头继续向下运动，将工件推出型腔；当曲柄由 φ_c 转到 φ_d（$285°$）时，冲头恰好向上退出下模，最后回到初始位置，完成一个循环。送料机构的送料动作，只能在冲头退出下模到冲头又一次接触工件的范围内进行，故在曲柄 AB 由 $300°$ 转到 $390°$ 时，送料凸轮完成升程，而在曲柄 AB 由 $390°$ 转到 $480°$ 时，送料凸轮完成回程。

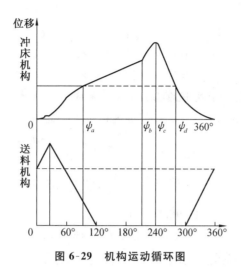

图 6-29　机构运动循环图

6.5.8　送料机构设计

送料机构是由摆动从动件盘形凸轮机构与摇杆滑块机构串联而成,设计时,应先确定摇杆滑块机构的尺寸,然后再设计凸轮机构。

（1）四杆机构设计

依据滑块的行程要求及冲压机构的尺寸限制,选取此机构尺寸为 $L_{RH}=100$ mm,$L_{OH}=240$ mm,点 O 到滑块 RK 导路的垂直距离 $=300$ mm,滑块行程为 250 mm 时,摇杆摆角应为 $45.24°$。

（2）凸轮机构设计

为了缩小凸轮尺寸,摆杆的行程应小于 AB,最大摆角为 $22.62°$。因凸轮速度不高,故升程和回程都选等速运动规律。因凸轮与齿轮 2 固联,故其等速转动。用作图法设计凸轮轮廓,取基圆半径 $r_b=50$ mm,滚子半径 $r_r=15$ mm。

6.5.9　调速飞轮设计

等效驱动力矩 M_d、等效阻力矩 M_r 和等效转动惯量皆为曲柄转角 φ 的函数,画出三者的变化曲线,然后用图解法求出飞轮转动惯量 J_F。

6.5.10　带传动设计

采用普通 V 带传动。已知:动力机为 Y132S - 4 异步电动机,电动机额定功率 $P=5.5$ kW,满载转速 $n_1=1440$ r/min,传动比 $i=2$,两班制工作。

① 计算设计功率 P_d。

由参考手册查得工作情况系数 $K_A=1.4$,则

$$P_d=K_A \cdot P=1.4×5.5 \text{ kW}=7.7 \text{ kW}$$

② 选择带型,初步选用 A 型带。

③ 选取带轮基准直径。由参考手册,初选小带轮的基准直径:$d_{d1}=125$ mm,取大带轮基准直径:$d_{d2}=250$ mm。

④ 验算速度 v。

$$v = \frac{\pi d_{d1} n_1}{60 \times 1000} = \frac{\pi \times 125 \times 1440}{60 \times 1000} = 9.42 \text{ m/s}$$

v 在 $5 \sim 25$ m/s 范围内，带速合适。

⑤ 确定中心距 a 和带的基准长度 L_{d0}。

在 $0.7(d_{d1} + d_{d2}) \leqslant a_0 \leqslant 2(d_{d1} + d_{d2})$ 范围内初选中心距 $a_0 = 500$ mm。初定带长

$$L_{d0} = 2a_0 + \frac{\pi}{2}(d_{d1} + d_{d2}) + \frac{(d_{d2} - d_{d1})^2}{4a_0}$$

$$= \left[2 \times 500 + \frac{3.14}{2}(125 + 250) + \frac{(250 - 125)^2}{4 \times 500} \right]$$

$$= 1\,596.56 \text{ mm}$$

查参考手册，选取 A 型带的标准基准长度 $L_d = 1600$ mm。求实际中心距

$$a = \frac{2L_d - \pi(d_{d1} + d_{d2}) + \sqrt{[2L_d - \pi(d_{d1} + d_{d2})]^2 - 8(d_{d1} + d_{d2})^2}}{8}$$

$$= \frac{2 \times 1600 - 3.14 \times (125 + 250) + \sqrt{[2 \times 1600 - 3.14 \times (125 + 250)]^2 - 8 \times (125 + 250)^2}}{8}$$

$$= 505.6 \text{ mm}$$

取中心距为 505 mm。

⑥ 验算小带轮包角 α_1。

$$\alpha_1 = 180° - \frac{d_{d2} - d_{d1}}{a} \times 57.3°$$

$$= 180° - \frac{250 - 125}{505} \times 57.3°$$

$$= 165.85° > 120°$$

包角合适。

⑦ 确定带的根数 Z。

查表得：$P_0 = 1.9$ kW，$\Delta P_0 = 0.17$ kW，$K_\alpha = 0.965$，$K_L = 0.99$，故

$$Z = \frac{P_d}{(P_0 + \Delta P_0)K_\alpha K_L} = \frac{7.7}{(1.91 + 0.17) \times 0.965 \times 0.99} = 3.82$$

取 $Z = 4$ 根。

⑧ 确定初拉力 F_0。

单根普通 V 带的初拉力

$$F_0 = 500\frac{P_d}{z \cdot v}\left(\frac{2.5}{K_\alpha} - 1\right) + qv^2$$

$$= \left[500 \times \frac{7.7}{4 \times 9.42} \times \left(\frac{2.5}{0.965} - 1\right) + 0.1 \times 9.42^2 \right]$$

$$\approx 166.5 \text{ N}$$

⑨ 计算带轮轴所受压力 F_Q。

$$F_Q = 2ZF_0 \sin\frac{\alpha_1}{2} = 2 \times 4 \times 166.5 \times \sin\frac{165.85°}{2} = 1321.9 \text{ N}$$

⑩ 带传动的结构设计（略）。

6.5.11　齿轮传动设计

齿轮减速器的传动比为 $i_g = 10.285$，可以采用标准的双级圆柱齿轮减速器，其代号为 ZLY - 112 - 10 - 1。

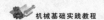

第7章 计算机辅助机构的运动分析

7.1 上机操作指导及程序编写

7.1.1 C++语言编程指导

(1) 程序的建立过程

① 启动 VC++6.0。

② 单击【文件】选项,选择【新建】,选中工程页中【Win32 Application】选项,将其命名为"test",选择文件的存放位置,最后单击【确定】按钮,如图 7-1 所示。

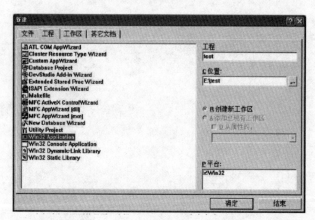

图 7-1 新建工程步骤 1

③ 单击【确定】按钮后,出现如图 7-2 所示的界面,选择【An empty project】选项,单击【完成】按钮。

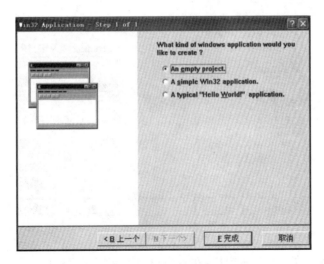

图 7-2 新建工程步骤 2

④ 接着出现如图 7-3 所示的界面,单击【确定】按钮。

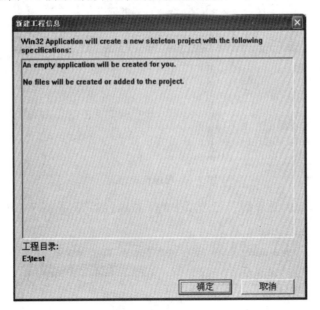

图 7-3 新建工程步骤 3

⑤ 建立了一个 Windows 应用程序工程后,接下来要新建源代码文件。

⑥ 单击【文件】选项,选择【新建】,选中文件页中的【C++ Sourse File】选项,并取文件名为"test",最后单击【确定】按钮,如图 7-4 所示。

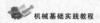

机械基础实践教程

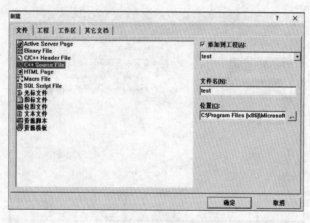

图 7-4　新建文件

⑦ 然后会出现如图 7-5 所示窗口,在右边空白区填写程序代码。

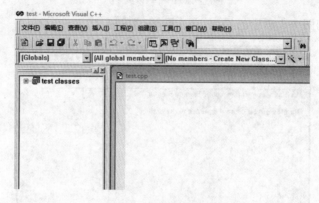

图 7-5　程序代码填写

⑧ 代码填写完成后,选择【组建】选项中的下拉项【编译】,如图 7-6 所示。

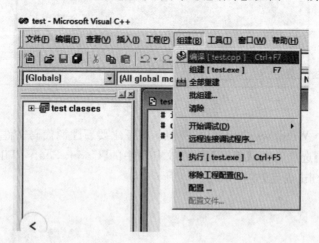

图 7-6　程序编译

⑨ 编译通过后,选择【组建】选项中的下拉项【执行】,如图 7-7 所示。

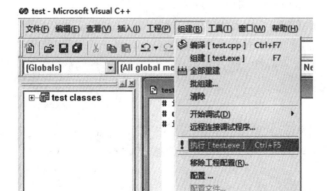

图 7-7　程序执行

（2）程序代码的编写

① 程序头文件

```
#include <graphics.h>
#define pi 3.1415926
#include <stdio.h>
#include <windows.h>
#include <stdlib.h>
#include <string.h>
#include <math.h>
#include <iostream.h>
```

② 数据变量的定义

```
double d, A, h, Delta, B1, B2, B11, B22;
int a,b;
```

③ 数据输入、输出

```
cin>>A>>B1>>B11;
cout<<"A="<<A<<'\t'<<"B1="<<B1<<'\t'<<"B11"<<B11<<'\n';
```

（3）程序示例

```
#include<iostream.h>
#include<math.h>

Void main(Void)
{
double f1,f2,l1,l2,w1,w2,xc,vc,a2,ac;
cin>>l1>>l2>>w1;
cout<<"c1="<<l1<<'\t'<<"l2="<<l2<<'\t'<<"w1"<<'\n';
for (f1=0'<360'+=30)
{
```

```
f2 = asin(( - l1) * sin(f1)/l2) ;
xc = l1 * cos(f2) + l2 * cos(f2) ;
w2 = (( - l1) * w1 * cos(f1))/(l1 * cos(f2)) ;
vc = (( - l1) * sin(f1 - f2))/cos(f2) ;
a2 =
ac =
cout<<"f1 = "<<f1<<'\t'<<"xc = "<<xc<<'\t'<<"w2 = "<<w2<<
'\t'<<"vc = "<<vc<<'\t'<<"ac = "<<ac<<'\n' ;
}
}
```

7.1.2 VB 语言编程指导

（1）程序的建立过程

① 启动 Visual Basic 6.0，弹出如图 7-8 所示的"新建工程"对话框，选择【标准 EXE】，然后单击【打开】按钮。

图 7-8　新建工程

② 出现"Form1"窗体，如图 7-9 所示。单击工具箱中的【A】控件，即 Label 控件，然后在"Form1"窗体中拖动一下，绘制出一个标签控件，可以调整它的大小。

③ 单击标签控件，找到属性窗口，其 Caption 属性为"Label1"，可以将 Caption 属性修改为"曲柄长度 L1"。

④ 单击工具箱中的"TextBox"控件，然后在"Form1"窗体中拖动一下，绘制出一个文本框控件。可以将该文本框控件放在刚才创建的标签控件的下面。再单击一下该控件，找到属性窗口中的 text 属性，将该属性值改为"空"。

⑤ 重复第三步至第四步，把新的标签控件的 Caption 属性设为"要输入的参数"。注意各个控件不要重叠在一起。

⑥ 重复第三步至第四步，把新的标签控件的 Caption 属性设为"输出参数"。注意各个控件不要重叠在一起。

⑦ 从工具箱中找到"CommandButton"控件，用同样的方法在"Form1"窗体中绘制，并

将其 Caption 属性设为"确定"。

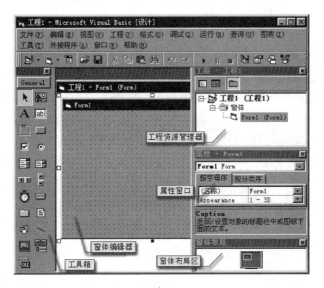

图 7-9　建立窗体控件

⑧ 双击刚才创建的 CommandButton 控件,会弹出代码窗口,其中已经有一部分自动生成的代码,如下所示:

```
Private Sub Command1_Click()
… … … …
End Sub
```

在其中加入程序代码。

⑨ 运行程序。单击工具栏上的【启动】按扭或使用运行菜单中的【启动】按扭或按【F5】键均可运行程序。运行时会弹出一个窗口(即"Form1"窗口)。在文本框中输入数据,然后单击【确定】按扭,即可出现程序运行结果。

⑩ 保存后,会生成两个文件,分别是.frm 窗体文件和.vbp 工程文件。

(2) 程序代码编写示例

```
Dim Aa, pi, z1, z2, m, L1, L2, h, k, c, Ha, a As Double
Dim j As Double
    … … … …
Private Sub Command1_Click()
Dim pi As Single, Aa As Integer
Dim s5 As Single, v5 As Single, a5 As Single, w3 As Single, ε3 As Single
Form2.Picture1.Cls
pi = 3.1415926 / 180
… … … …
n1 = Val(Text1.Text)
z1 = Val(Text2.Text)
z2 = Val(Text3.Text)
```

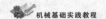

```
… … … …
W1 = 2 * 3.1415926 * n1 / 60
W2 = 2 * 3.1415926 * n2 / 60
L11 = L0203 * Sin(j / 2)
L22 = (h / 2) / Sin(j / 2)
Form2.Picture1.Print "Ψ1";"        ";"Ψ3","    w3:rad/s";"    ε3:rad/s
^2";"    s5:m        ";"    V5:m/s    ";"    a5:m/s^2"
For i = 0 To 360 Step 10
    Ψ1 = pi * i
    Ψ3 = Atn((L0203 + L11 * Sin(Ψ1)) / (L11 * Cos(Ψ1)))
    s3 = (L11 * Cos(Ψ1)) / Cos(Ψ3)
    w3 = (L11 * W2 * Cos(Ψ1 - Ψ3)) / s3
… … … …
Private Sub Command6_Click()
Form2.Picture1.Cls
End Sub
Private Sub Command5_Click()
End
End Sub
```

7.2 三维软件对机构的运动分析

SOLIDWORKS 是机械设计中最常用的软件之一,可利用其自带的插件 SOLID-WORKS Motion 进行简单快速的运动学分析,并制作动画。

如图 7-10 所示,该曲柄摇杆机构由杆 1、杆 2、杆 3、杆 4 组成,已知 $l_1 = 80$ mm, $l_2 = 200$ mm, $l_3 = 180$ mm, $l_4 = 250$ mm,其以最短杆 1 为主动件做逆时针转动,转速为 60 r/min,杆 2 为连接杆,杆 3 为从动件,杆 4 为机架,试用 SOLIDWORKS 对四杆机构进行运动分析。

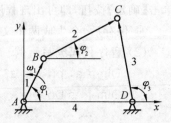

图 7-10 曲柄摇杆机构

(1) 机构零件建模

1) 杆 1 建模

① 单击【文件】,选择【新建】选项,或单击新建按钮□。

② 选择"零件"图标,然后单击【确定】按钮,进入零件建模界面。

③ 单击"拉伸凸台"图标,选择上视基准面作为草绘平面,进入如图 7-11 所示的拉伸草图绘制界面。

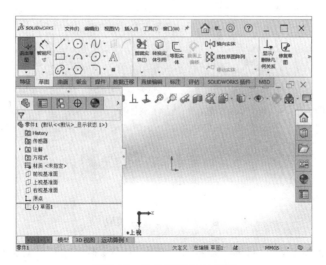

图 7-11 拉伸草图绘制界面

④ 单击"槽口"图标⊘,在"槽口类型"对话框中选择"直槽口"图标▭。

⑤ 在绘图区绘制图 7-12 所示草图,注意中心和坐标系原点重合。

⑥ 单击"圆形"图标⊙,以构造线端点为
圆心绘制两个半径相等的圆。

⑦ 单击"智能尺寸"图标⟨,标注图 7-12
所示的尺寸,单击"完成"图标↪,结束草图
绘制。

⑧ 在图 7-13 左侧"拉伸界面高度"输入框
中输入"6",单击右上角的✓完成杆 1 拉伸,
如图 7-14 所示。

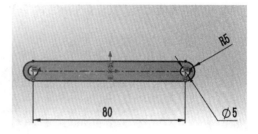

图 7-12 杆 1 拉伸草图

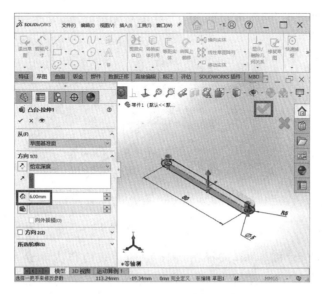

图 7-13 杆 1 拉伸界面

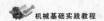

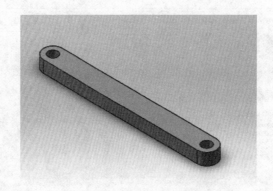

图 7-14　杆 1 零件模型

⑨ 单击【文件】,选择【保存】选项,或单击"保存"按钮▤,在"保存"对话框中输入"杆 1"。

2）杆 2 建模

① 杆 2 建模的前 4 步同杆 1。

② 在绘图区绘制图 7-15 所示草图,注意中心和坐标系原点重合。

③ 单击"智能尺寸"图标✎,标注图 7-15 所示尺寸,单击"完成"图标✑,结束草图绘制。

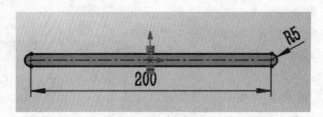

图 7-15　杆 2 拉伸草图 1

④ 在"拉伸界面高度"输入框中输入"6",单击右上角的✓,完成图 7-16 所示拉伸特征。

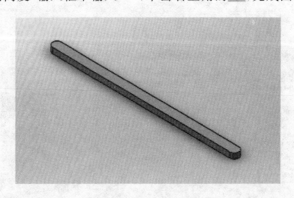

图 7-16　杠 2 拉伸特征 1

⑤ 单击"拉伸凸台"图标◪,选择图 7-16 中的上表面作为草绘平面,进入草图绘制界面。

⑥ 单击"圆形"图标◉,捕捉圆弧圆心,绘制两个半径相等的圆,并标注图 7-17 所示尺寸,单击"完成"图标✑,结束草图绘制。

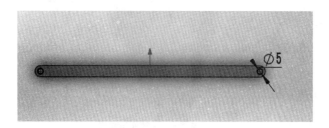

图 7-17　杆 2 拉伸草图 2

⑦ 在"拉伸界面高度"输入框中输入"6"，单击右上角的 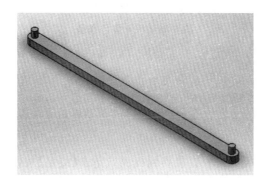 ，完成杆 2 拉伸，如图 7-18 所示。

图 7-18　杆 2 零件模型

⑧ 单击【文件】，选择【保存】选项，或单击"保存"按钮，在"保存"对话框中输入"杆 2"。

3）杆 3 建模

杆 3 建模的步骤基本同杆 1，不同的是在第 7 步中把尺寸"80"改为"180"，在保存时保存为"杆 3"，建好的杆 3 零件模型如图 7-19 所示。

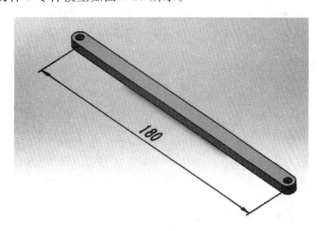

图 7-19　杆 3 零件模型

4）杆 4 建模

杆 4 建模的步骤基本同杆 2，不同的是杆 4 的尺寸为"250"，在保存时保存为"杆 4"，建好的杆 4 零件模型如图 7-20 所示。

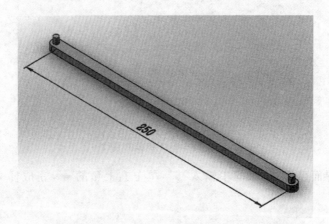

图 7-20 杆 4 零件模型

（2）机构装配

1）创建装配模型

① 单击【文件】，选择【新建】选项，或单击新建按钮 。

② 选择"装配"图标 ，然后单击【确定】按钮，进入装配建模界面。

2）插入杆 4

① 在图 7-21 所示装配界面中直接找到杆 4 或单击【浏览】按钮打开界面找到杆 4，然后单击【打开】按钮。

② 在绘图区左下角点击 ，将模型绕 X 轴旋转 90°后单击右上角的 ，完成杆 4 的调入。注意杆 4 是机架，其插入后为"固定"状态，如图 7-22 所示。

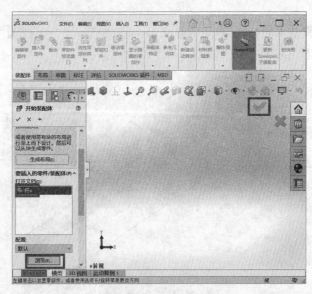

图 7-21 杆 4 装配界面

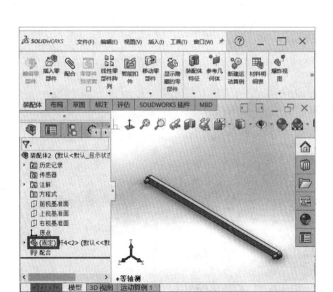

图 7-22　杆 4 插入界面

3）插入杆 1

① 单击工具栏上的"插入零部件"图标 🔗，在弹出的"打开"对话框中找到杆 1，然后单击【打开】按钮。

② 杆 1 随鼠标移动而移动，在工作区任意点击放置杆 1。

③ 单击工具栏上的"配合"图标 🔗，在弹出的"打开"对话框中分别点选杆 4 外圆柱面和杆 1 内孔面，如图 7-23 所示，系统会自动定义同轴配合 ◎，单击 ✔，完成配合 1 的定义。

④ 继续在弹出的"打开"对话框中分别点选杆 4 和杆 1 重合平面，如图 7-24 所示，系统会自动定义重合配合 人，单击 ✔，完成配合 2 的定义。

⑤ 单击右上角的 ✔，完成杆 1 的装配。

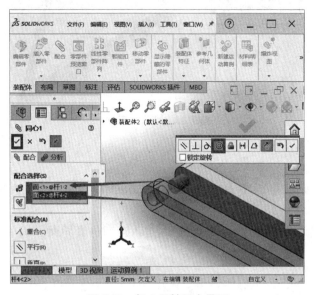

图 7-23　杆 1 同轴配合界面

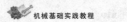

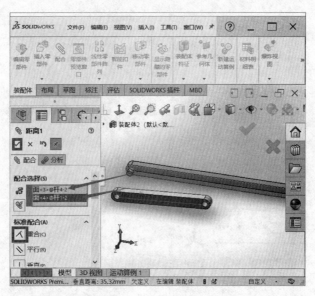

图 7-24   杆 1 重合配合界面

4）插入杆 2 与杆 3

杆 2 与杆 3 的插入步骤与杆 1 相同。注意插入时重合面的选择，杆 2 与杆 3 装配完成后如图 7-25 所示，单击"保存"按钮，将其保存为"四杆机构模型"。

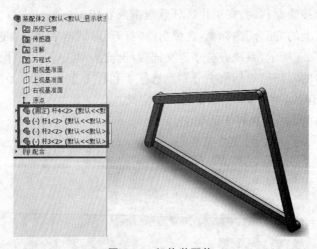

图 7-25   机构装配体

（3）运动分析

1）建立运动算例

① 在图 7-26 所示界面中单击【SOLIDWORKS 插件】选项，选择【SOLIDWORKS Motion】选项。

② 单击界面左下角的【运动算例 1】选项，进入运动仿真界面。

图 7-26　SOLIDWORKS Motion 设置

③ 设置原动件的初始位置，添加图 7-27 所示的两面垂直配合约束，添加后展开模型树
【配合】，右键单击最后添加的垂直约束，在快捷菜单中单击图 7-28 所示"压缩"图标↓█，即让
主动件从 90°位置开始运动。

图 7-27　添加两面垂直配合约束

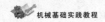

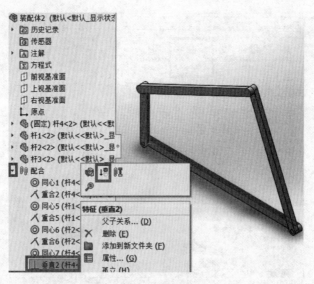

图 7-28　压缩垂直约束

2）设置 Motion 分析参数

① 在图 7-29 所示界面左上角单击下拉按钮，选择【Motion 分析】选项。

② 单击算例工具条上的"马达"图标，在弹出的图 7-30 所示对话框中选择【旋转马达】选项，单击选择杆 1 的圆柱面为马达位置和马达方向，单击【反向】选项，可改变旋转方向，在"速度"框中输入"60RPM"。

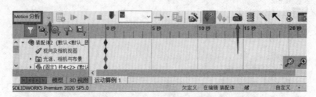

图 7-29　SOLIDWORKS Motion 设置

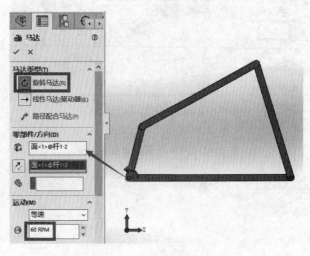

图 7-30　马达参数设置

③ 单击算例工具条上的"运动算例属性"图标🔧，在弹出的图 7-31 所示对话框中输入每秒帧数"24"（分析时，以原动件角位移 15°为增量，测量从动件运动参数，360°/15°＝24）。

④ 用鼠标左键拖动图 7-32 所示"时间轴"图标◆ 至 1 秒（原动件旋转 360°），单击"计算"图标🔧，完成运动算例计算。

图 7-31　运动算例属性设置

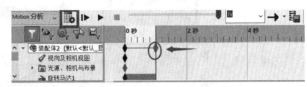

图 7-32　运动算例属性计算

3）显示分析结果

① 单击算例工具条上的"结果和图解"图标📊，弹出图 7-33 所示对话框，并按图设置参数，单击✔完成角位移参数设置。参数设置完成后系统显示输出结果，如图 7-34 所示。

② 单击算例工具条上的"结果和图解"图标📊，弹出图 7-35 所示对话框，并按图设置参数，单击✔完成角速度参数设置。参数设置完成后系统显示输出结果，如图 7-36 所示。

③ 单击算例工具条上的"结果和图解"图标📊，弹出图 7-37 所示对话框，并按图设置参数，单击✔完成角加速度参数设置。参数设置完成后系统显示输出结果，如图 7-38 所示。

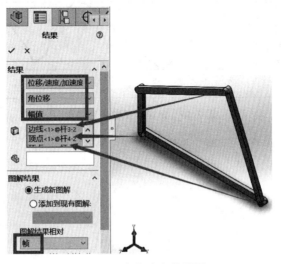

图 7-33　角位移参数设置

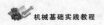

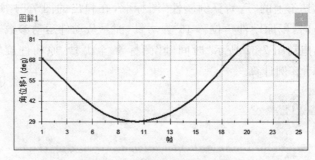

图 7-34　角位移参数输出结果

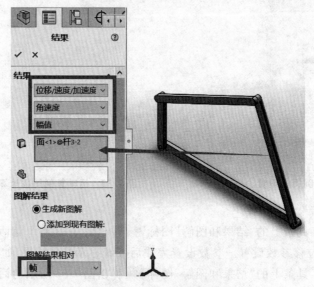

图 7-35　角速度参数设置

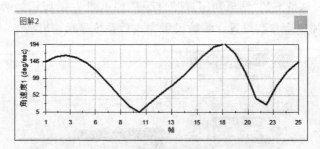

图 7-36　角速度参数输出结果

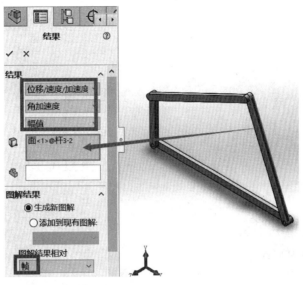

图 7-37 角加速度参数设置

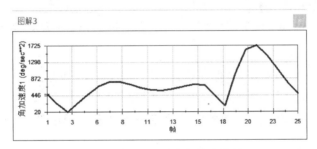

图 7-38 角加速度参数输出结果

4）保存数据

① 右击图解结果，在弹出的快捷菜单中选择【输出 CSV】选项，如图 7-39 所示，然后单击【保存】按钮。

② 用 Excel 表打开保存的 CSV 文件，如图 7-40 所示，可以得到详细的数据。

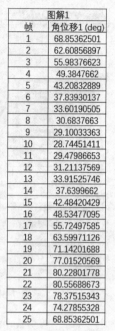

图解1	
帧	角位移1 (deg)
1	68.85362501
2	62.60856897
3	55.98376623
4	49.3847662
5	43.20832889
6	37.83930137
7	33.60190505
8	30.6837663
9	29.10033363
10	28.74451411
11	29.47986653
12	31.21137569
13	33.91525746
14	37.6399662
15	42.48420429
16	48.53477095
17	55.72497585
18	63.59971126
19	71.14201688
20	77.01520569
21	80.22801778
22	80.55688673
23	78.37515343
24	74.27855328
25	68.85362501

图 7-39 输出设置

图 7-40 用 Excel 显示计算结果

5）保存动画

① 单击运动算例工具栏上的"保存动画"图标·🎞，在弹出的图 7-41 所示对话框中设置动画保存位置、动画文件名、动画类型，然后单击【保存】按钮。

② 在弹出的图 7-42 所示"视频压缩"对话框中单击【确定】按钮，完成动画的保存。

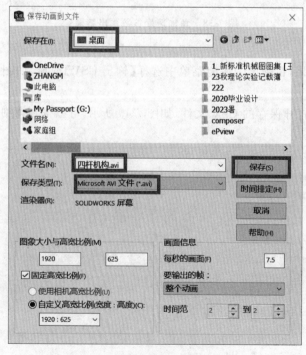

图 7-41 动画保存设置

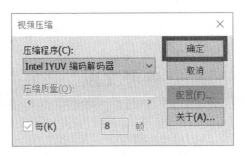

图 7-42 "视频压缩"对话框

6）保存文件

单击"保存"图标█，保存建立的仿真分析文件。

参考文献

［1］王三民.机械原理与设计课程设计［M］.北京:机械工业出版社,2005.

［2］周海.机械设计课程设计［M］.北京:科学出版社,2023.

［3］陆凤仪.机械原理课程设计［M］.2 版.北京:机械工业出版社,2011.

［4］王淑仁.机械原理课程设计［M］.北京:科学出版社,2006.

［5］胡德飞,陶晔.机械基础课程实验［M］.北京:机械工业出版社,2009.

［6］朱文坚,何军,李孟仁.机械基础实验教程［M］.2 版.北京:科学出版社,2007.

［7］朱龙英,黄秀琴.机械原理［M］.北京:高等教育出版社,2020.

［8］朱龙英,袁健.机械设计［M］.2 版.北京:高等教育出版社,2023.

［9］王知行.渐开线齿轮变位系数选择的新方法［J］.哈尔滨工业大学学报,1978(05):
129－147.